JN015680

実践DX

Data Infrastructure

クラウドネイティブ時代のデータ基盤設計

川上明久 著

日経BP

はじめに

データ基盤をクラウドネイティブにする流れが急速に進んでいます。クラウドネイティブとは、以前から存在する技術をクラウドに持ち込むのではなく、クラウド環境で動作することを前提に開発されたサービスを使ってシステムを構築する考え方です。クラウド環境で最適に動作するよう設計されているため、より効率的に、より簡単に利用できます。クラウドのアジリティー（俊敏性）、柔軟性、コストなどのメリットをさらに高めるアプローチとして注目されています。

クラウドネイティブなデータ基盤は、デジタルトランスフォーメーション（DX）の実践に大きく寄与するポテンシャルがあります。DX でデータを活用しようとすると、データマネジメント業務に多大な工数がかかるからです。

扱うデータが増えるほどデータ連係、データ統合が発生します。DX を広く実践するにはデータカタログなどの新たなソリューションを取り入れる必要性も出てくるでしょう。限られたエンジニアリングリソースで、生産性を高めながらデータマネジメントに取り組むことが求められます。これからは、運用業務に工数がかかってデータ活用に十分に取り組めていない組織と、運用業務を効率化してスピード感を持ってデータ活用できる組織では、DX の成果にも影響が現れるように思います。

本書では、DX に取り組む際に選択されることの多い米アマゾン・ウェブ・サービス（Amazon Web Services、AWS）の「Amazon Web Services（AWS）」、米マイクロソフト（Microsoft）の「Microsoft Azure」、米グーグル（Google）の「Google Cloud」、米オラクル（Oracle）の「Oracle Cloud Infrastructure（OCI）」の各サービスを取り上げて、クラウドネイティブなデータ基盤をどのように構築していくかを説明します

これまでに筆者が執筆してきた書籍『クラウドでデータ活用！ データ基

盤の設計パターン』『DX を成功させる データベース構築の勘所』（いずれも日経 BP）に続いて、新たに登場したクラウドネイティブなサービスを中心に取り上げています。加えて、クラウドへのデータベース移行に 1 章を割いて説明しています。

クラウドネイティブなデータ基盤を生かすには、既存のデータベースがクラウドに移っている状態になっている方が有利です。クラウドにあることでデータベース自体の運用にかかる工数を削減できる他、メタデータの収集と共有、データ連係サービスの利用といったクラウドにあるからこそ可能な自動化、効率化につながるサービスが利用しやすくなるからです。

しかしながらクラウドへのデータベース移行は頻繁に経験することではなく、予算やスケジュールの見積もりには特有の難しさがあります。多数のデータベースを移行してきた経験を基に、データベース移行の計画立案、データベースとアプリケーションを移行するにあたってやるべきことなどをまとめています。

クラウド利用が進展してきて、単にクラウドを使うだけで得られるスピード、柔軟性などはあって当たり前になりつつあります。クラウドネイティブなデータ基盤にしていき、データ基盤構築や運用のスタイルを変えていく一助になれば幸いです。

クラウドでは日々新しいサービスや機能が生まれています。これらの内容を限りある紙面でお伝えするために、アーキテクチャーや設計、サービス選択の考え方に絞って説明しています。

データ基盤技術の選択、設計に関心があるか、この領域のナレッジを持っておきたいと考えられている方々の参考になるよう記載しています。IT 用語のうち、IaaS（インフラストラクチャー・アズ・ア・サービス）や PaaS（プラットフォーム・アズ・ア・サービス)、RDB（リレーショナルデータベース）などの、インフラやデータベースに関わる基本的な用語を理解している方であればスムーズに読み進めていただけると思います。

本書は日経コンピュータの連載「DX のためのクラウドネーティブなデータ基盤設計」の一部と日経クロステックの特集記事「実践 DX、データベースのクラウド移行」を書籍向けに再編集したものです。

これまで一緒に仕事をさせていただいた方々や、関わったシステムから多くのヒントをもらったことで、書き上げることができました。良い経験をさせていただいたビジネスパートナーのみなさんに感謝します。

最後に、長く執筆を続けることができたのは、家族の理解と協力があったからです。いつも支えてくれている妻の直子に感謝します。

2023 年 2 月 20 日　株式会社 D.Force　代表取締役社長　川上 明久

CONTENTS

本書は「日経コンピュータ」の連載「DX のためのクラウドネーティブなデータ基盤設計」の一部と日経クロステックの特集記事「実践 DX、データベースのクラウド移行」を加筆・修正して再構成したものです。

第1章

データベースのクラウド移行

1-1　コスト削減

加速するDBのクラウド移行
基盤と運用に5つのコスト削減策

データベースのクラウド移行コストを削減する方法として５つの手法がある。低コストなDBMSの利用、有利な条件での調達、データベースの統合、データベースのチューニング、運用の自動化・標準化である。

データベースを含むシステムをクラウドに移行する流れが加速しています。これはいくつかの社会的背景が重なったためです。

１つはデジタルトランスフォーメーション（DX）への迅速な取り組みを求めるニーズです。クラウドが備えるスピードと拡張性はこのニーズに合致します。

２つめはITエンジニアの採用難です。人手がかけられない状況のなか、クラウドでは様々な処理を自動化できます。生産性を高めることにもつながります。こうしたクラウドの効果を実感した企業が、本格的にクラウドへの移行を始めています。

そして３つめがコスト削減です。多くの企業では、システム運用のコストがかかりすぎる状況に陥っており、活用などの価値創出にかける予算と人員が少ないのが現状です。

データベースについては、データが増え続けてデータ基盤の規模が大きくなる一方、新たな技術の登場によってコストは下がっていきます。クラウド移行によってコストを最適化し、前向きな施策に予算を充てるべきです。

筆者は多くの企業のデータベースのクラウド移行にかかわり、コストを最適化してきました。これまでの経験を基に、どのような削減策があるのか、どのよう

表1 コスト削減方法一覧

コスト削減の方法	コストの増減		
	ハードウエア	ソフトウエア	インテグレーション
低コストなDBMSの利用	―	大幅に削減可能	・変換コストが一時的に発生する ・保守コストが増加する可能性がある
有利な調達条件	削減可能	削減可能	―
データベースの統合	削減可能	削減可能	削減可能
チューニング	削減可能	削減可能	チューニングのためのコストが一時的に発生する
運用の自動化／標準化	―	―	削減可能

な場合に有効なのかを解説します。

5つのコスト削減策

コスト削減の方法として、データ基盤そのものにかかるインフラコストを削減する4つの方法と、データ基盤の運用にかかるコストを削減する方法の計5つがあります。(1) 低コストなDBMS（データベース管理システム）の利用、(2) 有利な条件での調達、(3) データベースの統合、(4) データベースのチューニング、(5) 運用の自動化および標準化――です。

どれか1つの方法を選択するというわけではなく、組織内のデータベースにフィットする方法を組み合わせていく「組み合わせ最適解」を探す作業になります。それぞれ説明します。

低コストなDBMSの利用

オープンソースソフトウエアのデータベース（OSS DB）の品質、機能の向上によって、要件が特別厳しくない場合であれば商用ソフトウエアの代替として利用できます。OSS DBへの移行で、商用データベースのライセンスや保守コストを削減できます。

実際に削減できるかはどうかは、移行にかかるコストと保守業務にかかるコスト次第です。商用データベース固有の機能に依存する箇所が多いほど、移行コストが高くなるのは当然ですが、数だけでは判断できません。単純に書き換えればいいものだけでなく、設計から見直したり、複雑な実装改善が必要だったりと工数が大きくなる場合があるからです。専門的な知見と移行経験を持つエンジニアが調査し見積もったうえで、出せる内容となります（見積もりについては 1-3 で解説します）。

OSS DB の利用については、アプリケーションとインフラの保守業務にかかるコストが増える可能性があることに注意してください。商用データベースほど機能が充実していない OSS DB は、エンジニアリングコストが高くなる可能性があります。例えば管理・障害調査に使えるユーティリティーが少ない、実装されている関数の種類が少ない、といった制限が開発や保守の生産性に影響を与えます。

事前にインパクトを調査したうえで、DBMS 固有機能への依存性が少ない小・中規模のシステムを移行し、経験値を得てから移行の有効性や対応策を再検討できるように計画した方がよいでしょう。移行性は DBMS 固有機能だけではなく、性能劣化のリスクにも注意を払う必要があります。

筆者の経験では、多くの企業は商用データベースの全廃が難しく、また全廃する必要もないと考えています。コストが最適になるケースとして多かったのは商用 DB と OSS DB を使い分けた場合でした。

有利な調達条件

クラウドの場合、データベースインフラの調達条件を工夫してコストを削減する手段がいくつかあります。料金が時間課金されるため、稼働時間を 100％未満にできるデータベースであれば、一時的に停止することでその分のインフラコストが減ります。

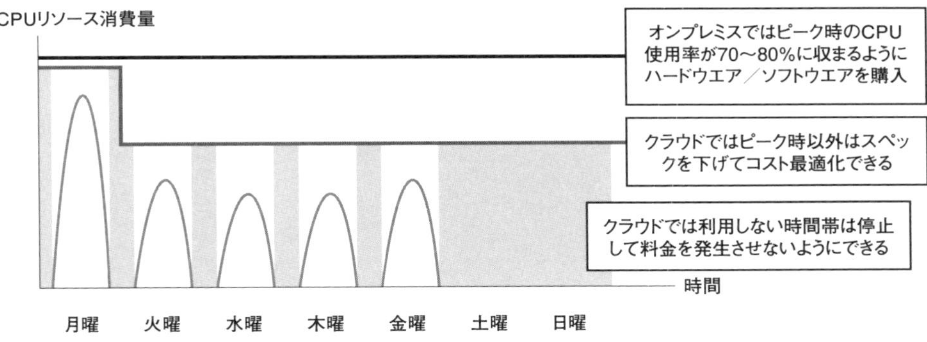

図1 クラウドの柔軟性を生かしたコスト最適化

ソフトウエアのライセンス費用を下げる方法もあります。オンプレミスではピーク時に合わせてCPUとソフトウエアライセンスを購入するのが一般的ですが、クラウドの場合は平常時はスペックを落としておき、ピーク時にスペックを上げて時間単価でライセンス料込みの費用を支払うことができます。

この方法の場合、データベースのソフトウエアライセンスを購入する必要はありません。クラウドのデータベースサービス利用料金にライセンス料が含まれています。ライセンスを既に保有していて、クラウドに持ち込む場合はデータベースサーバーの利用料金のみ削減できることになります。クラウドではCPUの性能を選択できるものもあります。高スペックなCPUを選べば、ライセンス数を減らせる可能性があります。

決まった期間を予約して購入したり、前払いしたりすることで、コストを下げられる料金モデルもあります。例えばAmazon RDS（Relational Database Service）のリザーブドインスタンスという購入モデルでは、1年間の利用を予約することで、約30％の割引を受けられます。前払いにすると約60％の割引になります。利用および支払いが確定することになり、途中で不要になっても解約できないデメリットはありますが、確実に使うデータベースに適用すればコスト削減効果は大きいといえます。

予約して購入した期間は、常時起動する前提での料金が発生します。前述した一時的に停止するコスト削減方法とは併用できないことに注意してください。また、予約した以上のインスタンスタイプを利用する場合は差額を支払えばよいため、必要なスペックが上がる分には、安心してリザーブドインスタンスを利用できます。

特定の製品／サービスの話になりますが、米オラクル（Oracle）のOCI（Oracle Cloud Infrastructure）には固有のメリットがあります。既に保有しているOracle Databaseの「Enterprise Edition ライセンス」を持ち込んだ場合、すべてのオプション機能が利用できるようになっています。Oracle DatabaseをOSS DBに移行するコスト削減策を取る例が増えていますが、Oracle DatabaseのままOCIに移行してコストを下げつつ、有償オプション機能を使って開発生産性、保守性を上げるのもTCO（総保有コスト）削減の手段となり得ます。

調達条件によるコスト削減は、設計に大きく手を入れずに済む場合が多く、実現性のリスクや手間が少ない取り組みといえます。

データベースの統合

システム化が進むにつれてデータベースの数は増えていくものです。新システムを構築する際に安易にデータベースを作成するとコストコントロールが難しくなります。データベースの数が増えすぎてコストが増加している場合、データベース層を役割別に整理して統合するように全体のアーキテクチャーを設計し直すのが有効です。

データベースを統合すると、データベースインフラの構築・運用にかかるコストが下がります。サーバーやストレージといった共通で消費されるリソースが減る分、効率がよくなります。「有利な調達条件」の対策と合わせて検討すると効果が増します。

とはいえアーキテクチャーレベルの再検討は難度が高く、複数のシステムを統合する際に、移行期間を長く取らざるを得ないケースもあります。構造を変える機会として、クラウドへの移行のタイミングで取り組むのがいいでしょう。

チューニング

筆者はこれまで数百に上るデータベースを調査してきました。コーディング規約に書かれているレベルのSQLの記述やインデックス設計を守っていれば、CPUのリソースが半分でも十分だったケースは珍しくありません。高いスキルを持つチューニングエンジニアを常駐させるのは対症療法的であり、高コストになるためお勧めはしませんが、一定レベルの設計・実装品質を保つことに対する投資はインフラコストの最適化につながります。

実装に問題があって必要以上にリソースを消費しているデータベースは、チューニングによってコストを削減できる可能性があります。コスト最適化という視点では、無駄にリソースを消費したり、手戻りを発生させたりして損失が大きくならないよう、上流設計の段階から品質向上のために、適度にコストをかけるよう計画した方がよいでしょう。

運用の自動化／標準化

筆者は、運用コストがかかっているにもかかわらず、相応の品質を得られていないとの相談を受ける場合が多々あります。自動化、標準化が進んでいないことが原因です。自動化していないと問題解決に直結しないオペレーションに作業負荷がかかり、品質を上げるための改善作業に時間を使えません。標準化できていないと運用が属人的になり、内製か外部委託かを問わずコストは高止まりします。

クラウドでマネージドサービスを利用し、運用を自動化する機能を使いこなせば実作業を中心に効率化できます。空いた時間を管理的業務での品質改善やデータ活用のための業務に充てられます。

自動化するには、オンプレミスでの運用スタイルを大きく変える必要があります。クラウドが提供するデータベース運用機能はオンプレミスとは大きな違いが

表2 代表的なデータベース製品・サービスにおけるクラウドで自動化できる運用作業

作業項目	実作業	クラウド	オンプレミス	管理的業務	クラウド	オンプレミス
キャパシティー管理	ストレージ、表領域使用量	○	△	長期トレンドの分析と需要予測	×	×
	CPU、メモリーなどのシステムリソース	○	△	システム増強計画	×	×
メンテナンス	領域追加、削除	○	×	新規障害の該当調査、対応策の策定	×	×
	パッチ適用	○	×	メンテナンス計画の作成、調整	×	×
	バックアップ	○	×	変更情報の管理	×	×
	ログ管理	○	△			
監視、障害対応	監視設定管理	×	×	監視項目の変更管理	×	×
	障害調査、リカバリー作業	△	×	インシデント管理（起票、記録）	×	×
性能管理	性能情報の収集	○	○	チューニング必要性の判断	×	×
	チューニング案実装	×	×	チューニングの立案	×	×
セキュリティー管理	アカウント管理作業	×	×	アカウント申請管理	×	×
	権限管理	×	×	ログ管理、レポート（作業ログ、アクセスログ）	×	×

○：自動 / △：一部自動 / ×：手動

あります。データベースをクラウドに移行する際には、クラウドに合わせて運用設計をやり直すと考えて取り組んだほうがいいでしょう。

もう１つ重要なのは標準化です。運用のやり方がシステムごとに異なっていては属人化し、高コスト化します。外部委託していて運用コストが高い場合、属人化が進みブラックボックスになっており、コスト削減の交渉が難しいといった状況も散見されます。標準化には費用と労力がかかりますが、コスト最適化には有効性が高く、ぜひ検討したいところです。

継続的なコスト最適化のために

これまでデータベースのコスト削減方法を説明してきました。コスト削減を一過性で終わらせず、将来もコストを最適化し続けるには、組織能力を高めることも重要です。自力でアーキテクチャーを検討するほどの技術力を持ち、プロジェクトもベンダーもコントロールしていければ、コストを最適化し続けることにもつながります。

同時にDX企画・実行によってデータを活用することに予算を充てることでビジネスの成果に貢献できるでしょう。データ活用のプロジェクトには継続して大きな予算が必要となるため、コスト最適化に取り組むことが重要です。

次ページからは、データベースのクラウド移行を進めるにあたっての体制、見積もり、インフラ移行などの方法を説明していきます。

1-2　移行体制

データベースのクラウド移行体制 DBAやDAの役割を知る

オンプレミスからクラウドへのデータベース移行は実現性や期間、コストの変動リスクが大きく、的確な移行計画を立てることが求められる。社内体制にも負担がかかる。リスクマネジメントをするうえで体制面の考慮は欠かせない。

ここではクラウドへのデータベース移行の中でも難度が高くなりやすい、DBMS（データベース管理システム）の変更を伴う場合を想定します。どのような役割が必要になるのかを理解するために、まずクラウドへの移行工程ごとの作業内容を説明したうえで、用意すべき役割・スキルセットを挙げます。体制面については、既存の保守体制と移行体制との関係性や、クラウド移行タスクをどのように協力して実施できるかを解説します。

移行工程

データベースをクラウドに移行する際の工程には、大きく「移行計画」「移行」「保守・運用」の３つのフェーズがあります。

「移行計画」には机上検証、移行判定、PoC（概念実証、Proof of Concept）・計画確定、移行判定の流れがあり、実際の「移行」にはアプリケーションの移行と並行して、システム構成移行、DB定義移行、データ移行、運用移行があります。そのうえで結合試験を実施します。「保守・運用」ではシステムの切り替えがあり、その後実際の保守・運用に入ります。

これらは移行全体で発生する業務を挙げたフレームワークの一例として示しています。工程の考え方にはバリエーションがあり、唯一の正解はありません。データベースの規模やリスクの状況、移行と同時に実施するアプリケーションへの変更内容などによってアレンジするものです。

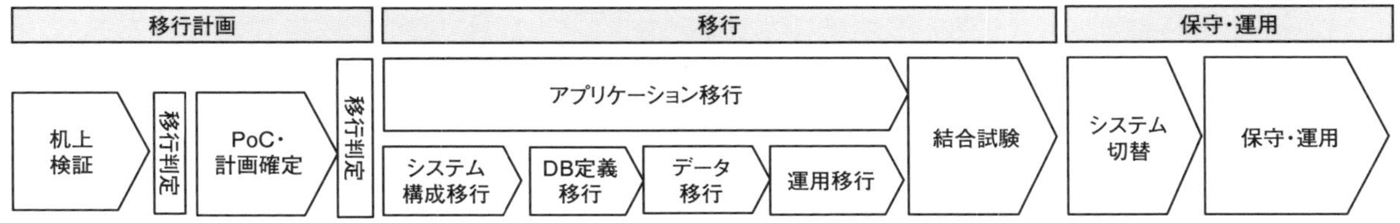

図1 データベースのクラウド移行工程

移行計画での体制

データベースのクラウド移行は、どのような場合でも実現可能というわけではありません。実現性がなくなる条件のことを「ノックアウトファクター」と呼びます。例えばシステム要求を満たすにはオンプレミスだけで利用できる機能が必須であり、クラウドでの代替案がないことが分かった場合、この要素はクラウド移行のノックアウトファクターになります。

もし実現性がないと分かったら、それまでに費やした時間と費用は無駄になります。この無駄を最小限にするために、計画段階でノックアウトファクターが存在するかどうかに絞った調査をします。工数を少なくするためには網羅性を求めず、リスクが高くないと考えられる要素は調査対象から除外します。

クラウド移行の実現性は、机上で調査できるものと実際の環境で動作させなければ確認できないものがあります。実際の環境で動作させて実現性を検証、評価するのがPoCです。PoCを実施するにはクラウドに環境をつくり、データを移行し、SQLを実行するといった実作業が発生するため工数が大きくかかります。

そこで小さな工数でできる机上での調査によってノックアウトファクターがないかを確認します。そして机上では判断できなかった残存リスクとなる要素についてPoCを実施するという順序で調査を進めるのが効率的です。

この工程に関わるのはDBA（DataBase Administrator、データベース管理者）、

表1 移行体制に必要な役割とスキルセット

役割	業務内容	スキルセット
DBA	・データベースのインフラ部分の移行性調査 ・移行先データベースアーキテクチャー設計 ・移行ツール選定、利用	・移行元DBMS、クラウド上のデータベースサービスの技術知識、経験 ・クラウドへの移行ツールの知識、経験
DA	・データ移行性調査 ・データ変換、移行	・移行先DBMSの技術知識 ・DAとしての実務経験
チューニングエンジニア	・移行先環境での性能ギャップ調査 ・データベース、SQLのチューニング	・移行元DBMSでの性能調査経験 ・移行先DBMSでのチューニング経験
運用DBA	・データベース運用設計	・移行後クラウドの経験 ・移行後DBMSの運用経験
管理者	・プロジェクト計画 ・工程管理、リスク管理	・システム移行経験 ・プロジェクト管理経験

DBA:Database Administrator、データベース管理者
DA:Data Administrator、データ管理者

DA（Data Administrator、データ管理者）、チューニングエンジニアです。それぞれ複数の役割がありますが、スキルセットを満たせば1人で複数の役割を担えます。

DBAとDAの業務範囲については必ずしも業界内で共通認識ができているとはいえません。ここではDBAの業務内容を「データベースのインフラ部分の移行性調査」「移行先データベースのアーキテクチャー設計」「移行ツールの選定と利用」、DAについては「データの移行性調査」「データの変更と移行」と定義して説明を進めます。なお、アプリケーションの移行は1-6で扱います。

DBAの役割

データベースのインフラ部分の移行性を調査するのがDBAです。データベースの機能・非機能の要求を移行先で満たせるかどうかを判断するには、移行元・移行先双方のDBMSについての技術知識が必要です。設計・運用経験があるとよりいいでしょう。

許容される時間内にデータを効率よく移行できるかといった点でも評価します。そのためにはデータ移行の設計や実施経験、さらに移行ツールの知識と経験

があるといいでしょう。一般的にSEとして下流工程しか経験していない場合、上流工程の業務にすぐ対応するのは難しいといえます。新しい技術にすぐ適応できる、PoC経験がある、技術的優劣だけではなくコストやロックイン排除など多面的な視点で判断できる、といったことも重要になるからです。

上流工程の経験が豊富で調査能力が高ければ、製品知識が多少足りなくても問題ありません。現在、DBAとして業務をしている人の中で、こうした条件を満たすのは全体の2割ほどでしょう。既存メンバーでは対応できない業務があれば外部委託を考えます。

今後の工程でデータベースを移行・運用していくうえで、DBAは継続して必要になる役割です。内製の場合、組織内にいなければ既存メンバーに習得してもらうか、新たに採用する、あるいは育成を検討する価値の高いポジションだといえます。

DAの役割

DBAがデータベースのインフラ部分の専門家であるのに対して、DAはデータを扱う専門家です。データベースのスキーマとデータの移行を担当します。DBMSによって扱えるデータ型などには違いがあります。DBAのようにDBMS全般の広い知識はなくてもよく、スキーマでデータを扱う際の仕様差の知識があればいいでしょう。

クラウド移行の際にデータの仕様変更を伴う場合は、クラウド上で利用できるデータ変換ツールがあるかといった調査をします。DAに対するスキルセットの要求は、それほど高くはありません。データを扱う作業は継続して発生するため、既存のDAには早い段階で移行先のDBMSに慣れてもらった方がいいでしょう。

チューニングエンジニアの役割

データベースのチューニングは通常はDBA、DAの業務ですが、データベースエンジニアの業務の中でも特殊な領域になるため、あえて別の役割としました。

移行先の環境で性能要求を満たせるかを評価します。

通常は移行先にデータを入れてデータベースによる処理を実行してから初めて評価できるため、PoC の段階からが出番です。移行元・移行先の環境で性能情報を調査、チューニングする経験が必要です。性能が出ない場合、チューニングして対処できるかを評価する必要があるため、そのための経験値が必須です。複数の DBMS に対応できるチューニングエンジニアはかなり限られます。

チューニングエンジニアはデータベースの移行・運用にわたって常に必要なエンジニアリングリソースではありません。しかも習得には多くの経験と期間を要します。性能が非常に重要でコストをかけられる場合を除き、外部から一時的に調達して、利用頻度の高いチューニングテクニックのみ組織内のメンバーで習得するといった割り切りでも問題ないと考えます。

管理者の必要条件

データベースの移行は技術的な専門性が高い領域です。プロジェクトのリスクを理解して管理するには、管理者にもデータベースに対する技術的知見やシステム移行経験があった方が望ましいといえます。ただし、実際にはデータベースに詳しい管理者は多くはいませんので、システム移行経験を持つ管理者と DBA リーダーの組み合わせで管理業務を分担するのが現実的です。

移行・運用工程での体制

移行計画で挙げた役割は、前述の移行工程でも必要になります。変わるのは作業内容です。構築、移行という下流工程に進むにしたがい、考える業務から手を動かす業務に変わります。経験者中心の体制から、ジュニアメンバーも加えた体制に変えていくとよいでしょう。

移行先のクラウド環境でデータベースの運用を担当する「運用 DBA」にもここで体制に加わってもらいます。運用 DBA にはクラウド上で運用管理に利用する監視やログ管理、セキュリティー関連サービスの技術知識も求められます。ク

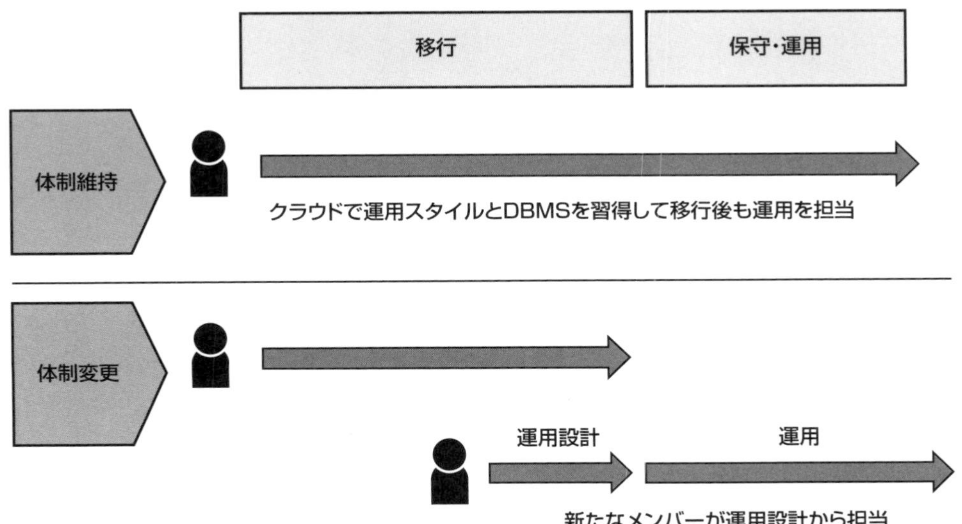

図2 移行前後の運用体制

ラウドではコンソール上で運用管理系サービスを比較的簡単に使えます。インフラエンジニアの支援を受けずにDBAが扱うことも難しくありません。ツールのセットアップと管理をインフラエンジニアが担当することの多いオンプレミスとは担当範囲が多少変わることもあります。

運用DBAはクラウド環境でのデータベース運用設計を担当して、そのまま運用工程に入るのがベストです。オンプレミスとクラウドではあるべき運用のスタイルが異なります。運用を自動化、標準化して効率化を目指します。移行前のシステムを運用しているメンバーにクラウドでの運用スタイルとDBMSを習得してもらうか、すでに習得しているメンバーに入れ替えるかを検討します。

既存メンバーにクラウド上のデータベースサービスの経験がない場合、学習コストがかかります。そのためクラウドの学習を前もって始めておくよう計画します。筆者が体制構築を支援してきた経験では、新たなDBMSを習得するより、クラウドでの運用スタイルへの慣れに手間取ることが多くみられました。DBMSへのこだわりの強いシニアのDBAなどは適応に苦労する傾向があり、知識や経験が少なくても若く柔軟性のあるメンバーに技術習得してもらう方がうまくいくことが往々にしてあります。クラウド移行を機に運用体制を再考するのも選択肢です。

体制面ではアプリケーション開発・保守を担当するチームとの関連性も考慮します。この点についてはアプリケーションのデータアクセス部分の移行方法と合わせて別の回で説明します。

工数見積もりが重要

移行工程の体制を検討するうえで、工数の見積もりが重要です。SQLの変換やチューニングにどの程度の工数がかかるのか、難度はどれくらいなのかによって、調達するエンジニアリングリソースのレベルと人数、期間が変わるためです。

見積もりの精度を上げることが、データベースのクラウド移行プロジェクトを成功に近づけることにつながります。通常は予算と期間工数を確定させてから移行プロジェクトを開始するため、工数は移行計画の工程で算出します。そのためにも移行計画では経験者が体制内にいることが必須となります。次ページで解説します。

1-3　見積もり

コストと納期を守る 成功率を上げる見積もり手法

クラウドへのデータベース移行はコストと納期がオーバーするリスクが高いプロジェクトです。その大きな要因は見積もりです。見積もりを制することで、クラウドへのデータベース移行プロジェクトの成功率を上げられます。

クラウドへのデータベース移行には「クラウド利用料金」「ソフトウエアライセンス」「エンジニアリングコスト」の３つの費用項目があります。以下で説明していきます。

クラウド利用料金

移行プロジェクトを実行中のクラウド利用料金です。試験で使うデータベースサービスや、作業環境の仮想サーバーなどの料金が該当します。移行プロジェクト期間中の時間単価×利用時間で見積もりますが、データベースサービスのインスタンス数を考慮することも忘れないようにします。

試験をする際、チームごとにデータベースを作る方が効率が上がり期間を短縮できます。時間単価で課金されるため、利用しない時間帯は停止し、性能を出す必要がない場合はスペックを小さくすると費用を抑えられます。

オンプレミスから移行する際にかかるクラウド利用料金は、クラウド事業者がインセンティブプログラムを用意して一部を負担する場合があります。適用されればコストを圧縮できますが、いつも用意されるものではなく、適用の条件は厳しいため、これを前提とした予算にはしない方がよいでしょう。

ソフトウエアライセンス

移行プロジェクトで利用するソフトウエアライセンスのコストです。移行先の

表1 データベースのクラウド移行のための費用項目

費用項目	内容	主な費用低減の方法
クラウド利用料金	・移行プロジェクト期間のクラウド利用料金	・利用しない時間帯は停止する ・性能を出す必要がない場合はスペックを小さくする
ソフトウエアライセンス	・移行プロジェクト期間に利用する移行ツール、データベースのライセンス／保守費用	・クラウド料金に含めて提供される場合は、ライセンス保有と比較検討する ・移行要件を緩和して高価なツールの利用を回避する
エンジニアリングコスト	・移行作業を実施するためのエンジニアにかかる費用	・移行ツール、変換ツールを利用して効率化する ・移行要件を緩和して高価なツールの利用を回避する

注）本解説ではクラウド移行期間の見積もりを扱い、移行後の運用費用については触れない

データベースや運用管理のツールにライセンスが必要な場合は用意します。

クラウド環境ではライセンスを含んだ利用料金を時間単位で支払う購入モデルが用意されているケースがあります。この場合は使っている時間の分だけのコストで済むため、並行稼働する期間のために新たにライセンスを購入する必要はありません。比較検討して有利な購入モデルを選びましょう。

移行前後でDBMSを変更する場合は、効率よく移行するためのツールの利用を検討してください。代表的なツールとしては、オープンソースソフトウエア（OSS）の「Ora2pg」やクラウドベンダーが提供するツールなどがあります。ツールを使った移行方法については、1-5で説明します。

移行前後でDBMSを変更する場合は、スキーマ移行ツールがあった方がいいでしょう。テーブルなどのスキーマ定義を移行後のDBMS向けに変換するツールです。

スキーマ移行ツールには、無償や安価でも大きな効果を見込めるものがあります。計画工程で比較検証するなどして費用対効果の高いツールを見極めて見積もりに含めます。商用の高機能なツールはソースコードの自動変換にも対応しています。ある程度高額であり、ソースコードの規模が大きい場合にコストパフォーマンスの良さを発揮します。

表2 代表的なデータ移行ツール

データ移行ツール	開発元	特徴
Ora2pg	(オープンソースソフトウエア)	・OracleおよびMySQLのデータをPostgreSQLに移行する ・一括移行にのみ対応している・無償で利用できる
AWS Database Migration Service (AWS DMS)	米Amazon Web Services	・数多くの移行元／移行先データベース間でのデータ移行に対応している ・データを同期して短時間で切り替えることが可能 ・時間課金で利用可能
Oracle GoldenGate	米Oracle	・数多くの移行元／移行先データベース間でのデータ移行に対応している ・データを同期して短時間で切り替えることが可能 ・商用ライセンス買い取りとなり費用が高額 ※Oracle Cloud Infrastructure(OCI)への移行であればOCI上で時間課金で利用可能
Ispirer MnMTK	米Ispirer Systems	・主要なDBMS間の移行に幅広く対応している ・一括移行にのみ対応している ・商用のサブスクリプションとなり費用は高額だが、ソースコード変換機能を利用できる

データ移行ツールにもさまざまな製品があります。たいていは移行先のDBMS製品のベンダーあるいはコミュニティーが他のDBMSからデータ移行するための無償もしくは低価格のユーティリティーを用意しています。こういったユーティリティーで移行できるようであれば、移行プログラムを作ったり、高額な移行ツールを購入したりといったコストを小さくできます。

計画工程でツールやユーティリティーを調査して、目的に合ったものを選定し、見積もります。データ移行にかかる時間（ダウンタイム）を極小にしたいといったように、データの移行条件が厳しい場合は高額なツールを用いないと対応できないケースが出てきます。多くの場合、移行要件を緩和するとコストを抑えられます。

エンジニアリングコスト

移行作業を実施するためのエンジニアにかかる費用です。次の3つの領域があります。

インフラ移行

移行後のデータベースのインフラ構築と、運用の移行です。クラウドでは下流になるほど自動化が進み効率化されますが、上流にかかる工数はオンプレミスの場合と大差ありません。データベースのクラスター構成といった方式には取るべき設計のパターンがあるからです。

運用設計にもオンプレミスの場合と同等の工数がかかると考えた方がいいでしょう。クラウド環境の自動管理機能を使って運用を効率化するには、これまでのオンプレミスでの運用からの変更設計を伴うからです。

スキーマ、データ移行

移行ツールを使って、ツールが対応していないオブジェクトは手動で移行します。見積もり方法については後述します。

アプリケーション移行

アプリケーションソースコードのデータアクセス部分を変換します。DBMSの仕様差によってはSQL文の書き換えが必要になります。その修正と試験が主な作業です。

SQLの自動変換ツールは得手不得手があるものの、近年は変換率がかなり改善しています。筆者の経験では平均で80～90%程度は自動変換できます。移行費用と期間を圧縮する有力な手段です。計画段階で評価したうえで、エンジニアリングリソースの必要ボリュームを見積もります。

見積もり方法はインフラ移行、スキーマ、データ移行ともに、まずツールでの変換を検証し、自動変換できる割合を算出します。ツールのセットアップと実行にも工数がかかるため、忘れずに見積もりに入れましょう。自動変換できないSQLは、たいてい実装が複雑です。自動変換できないものは人手でも工数がかかります。

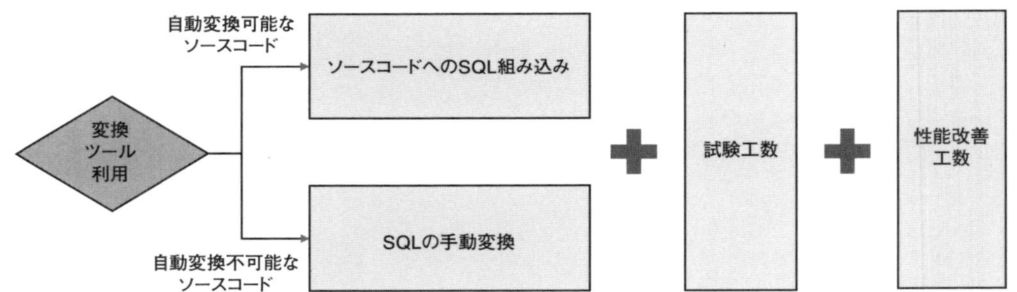

図1 アプリケーション変換工数の見積もり

変換ツールの中には、変換の見積もり工数をレポートに出力するものもありますが、参考値と考えておきましょう。エンジニアのスキルや試験にかかる工数はツールでは考慮されないからです。

データ移行ツールのうち、短時間でシステムを移行するためにデータを同期して切り替えるタイプのツールは、その習得にかかる工数が大きくなります。セットアップや試験の工数もかかります。

データを移行する際は、移行先データの正常性を確認するための仕組みの検討と作業にも工数がかかることに注意してください。すべての値が一致することを確認しようとするとコストが大きく膨らみます。手動で移行する作業の工数を見積もるには、一部の作業を進めてみて、かかった工数を基礎値として全体の工数を見積もります。

アプリケーション移行については次のように分けて見積もるとよいでしょう。

①設計変更が入る場合はその工数

クラウドへの移行と同時にアプリケーション仕様やアーキテクチャーの変更を計画するケースです。移行前後の環境で機能的なギャップがあり、設計変更で対応する場合がこれに当たります。

②変換ツールで自動変換できなかったSQL

たいていの場合、変換ツールで自動変換できないSQLの手動変換が工数の多くを占めます。サンプリングして変換工数の基礎値を取るとよいでしょう。変換ツールのレポートを確認して、特徴に類似性のあるSQLをグループ化し、グループの中からサンプルを抽出するようにします。グループごとに、基礎値×SQL本数で工数を算出した合計が変換工数になります。

③変換ツールで自動変換できるSQL

ツールにはソースコードそのものを出力するものもありますが、そうでない場合は変換後のSQL文は人がプログラムに組み込むことになります。SQL文をロジックで組み立てている場合は組み込みにかかる工数も大きくなる可能性があります。この部分の工数見積もりも、前述の通りの方法でサンプリングし、基礎値を取ってから全体工数を算出します。

変換ツールが非対応の言語の場合

ツールが対応していないDBMSや言語の場合、SQLの仕様的なギャップをまとめ、ソースコードを基に机上で洗い出して見積もる方法も考えられます。このような方法が取れるのであれば効率はいいですが、DBMS製品の公開情報から調査可能なものばかりではありません。

SQLの仕様差の数は多く網羅するのは困難です。漏れが発生すると過小な見積もりとなるリスクにつながります。できるだけ移行後の環境をつくってアプリケーションを実行し、動作しないSQLを抽出して見積もり精度を上げるようにします。

試験工数はクラウドかどうかに関係なく必要となります。試験を効率化するにはテスト自動化、CI/CD（Continuous Integration ／ Continuous Delivery）で対応します。クラウドでCI/CDに対応するサービスがあります。最初に仕組みを作る際に初期投資がかかりますが、保守コストを下げる効果があるので計画に入れるか検討してもよいでしょう。

性能ギャップの対応

移行プロジェクトの終盤に性能試験をした際、性能要件を満たさない機能が多いとプロジェクトが遅延するリスクが高まります。とはいえ性能リスクを定量化するのは困難です。移行計画か、移行プロジェクトの早い時期にサンプリングして、重要な機能、性能要件の厳しい機能を検証し、上流で性能改善の対策を取るとよいでしょう。

性能が劣化する機能が多い場合は、未検証の機能にも同じ割合の性能リスクがあると考え、結合試験より早い段階で対策できるよう、前倒しで性能検証をするなどプロジェクト計画を検討します。

サンプリング結果から、チューニングする想定SQL本数×１本当たりの工数で算出するとよいでしょう。１本当たりの工数はソースコード変換よりも個別の色合いが強く、チューニングエンジニアの経験値、感覚値に依存するのが実情です。変動が発生しやすい見積もり項目だと言えます。

移行前後で性能が劣化するSQL＝チューニング対象のSQLではないことに注意します。性能が劣化したとしても、性能要件を満たしていれば必ずしも改善する必要はないからです。

移行後の性能要件を安易に「現行環境と同等以上」とすると、チューニングコストがかさむ結果になりかねません。許容できる範囲は移行プロジェクトの初期に明確にしておきます。

コストが高くなるのはどのような場合か

計画的にアーキテクチャーを変更をする場合を除くと、主に次のような場合にコストが高くなる可能性があります。出現頻度の高い例を挙げます。

①ダウンタイムの短縮

前述のようにダウンタイムを短くしようとするとコストが急増します。調査・PoC の工数も多くかかります。予算の確保が難しいと分かっている場合は、最初からダウンタイムを確保できるように計画しましょう。

②プロシージャを使っている

プロシージャは DBMS ごとに仕様差が大きく、自動変換するツールを利用しても変換率を高くしにくいのが現状です。

③データのギャップがある

SQL 文法の違いよりも、DBMS ごとのデータ仕様のギャップに該当する場合です。例えば NULL と空文字の扱いの違いがアプリケーションの動作に影響する場合は、影響範囲が広くなり、変換コストが膨らむ可能性があります。

④スキーマに日本語がある

日本語のようなマルチバイト文字をオブジェクト名に使う場合、DBMS によって扱い方の仕様が異なります。そのため変換に手間がかかることがあります。マルチバイト文字は言語や環境を変える際、他にも問題を引き起こしやすく、移行性を高めるためにはシングルバイト文字にした方が有利です。

学習コストに留意する

全般に言えることですが、移行の未経験者が試行錯誤するより経験者が作業する方がコストは大きく下がります。変換ボリュームが多い場合は、経験者が難度の高い作業を担当し、未経験者を指導するなどの工夫をした方がよいでしょう。

経験者を確保できなかった場合は見積もり精度を上げるのが難しくなります。どうしても経験者を確保できない場合は、小規模なシステムの移行をパイロットプロジェクトとし、未経験者の経験値を上げてから、より複雑で規模の大きいシステムに取り組むといった工夫をした方がいいでしょう。

1-4　移行ギャップ

クラウド移行で発生するギャップ インフラ構成要素別の注意点

データベースをクラウドに移行する際、その目的にモダナイゼーションを含む場合はデータベースのアーキテクチャーに変更が生じる。オンプレミス側、クラウド側のデータベースサービスのギャップに注意して移行を進める必要がある。

データベースをクラウドに移行する際、アーキテクチャーを新しくしてシステム開発のスピードや柔軟性を上げることを期待する場合があります。アーキテクチャーを新しくすることをモダナイズ、またはモダナイゼーションといいます。クラウド移行の目的にモダナイゼーションが含まれる場合は、データベースのアーキテクチャーにも変更が生じます。

単純移行か、モダナイズか

例えばアプリケーションをマイクロサービスアーキテクチャーにするのに合わせてデータベースのアーキテクチャーも変える。あるいはデータレイクを介してデータ連係を実行するアーキテクチャーを採用し、システム間の関係を疎結合にするのに合わせてデータベースリンク（DBLINK、他のデータベース上のオブジェクトにアクセスするオブジェクト）を廃止する、といった具合です。

クラウド移行と同時にモダナイゼーションができれば、テストが１回で済むなどのメリットがあり効率は良くなりますが、いくつか実現の障害となり得ることがあります。まず、移行担当者がモダナイゼーションをするために必要な新しいスキルを習得する期間が必要です。モダナイゼーションの際は新規性のある技術やノウハウを使う可能性が高く、エンジニアの確保やスキル習得が課題になりやすいことがあります。システム規模が大きくなるほど、一気にアーキテクチャーを変更するのは困難になります。

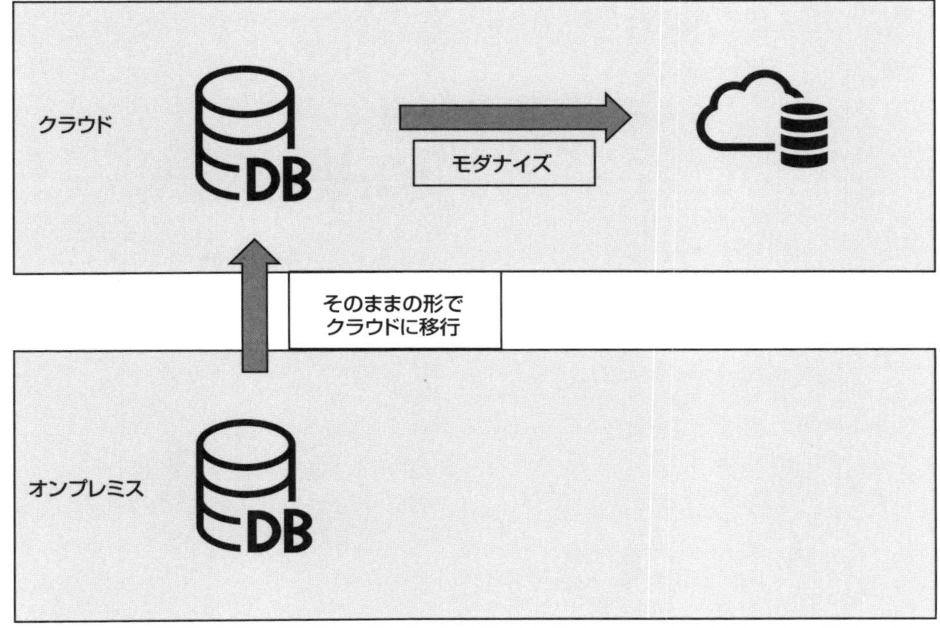

図1　クラウド移行の「リフト&シフト」

「リフト＆シフト」で移行

アーキテクチャーを変えずにクラウドへ単純移行して、クラウド移行後にアーキテクチャーを変える移行パターンを「リフト（Lift）＆シフト（Shift）」と呼びます。

リフトはオンプレミス環境のシステムをそのままの形でクラウドに移行すること、シフトは移行後のクラウド上で新しいアーキテクチャーに変えることです。リフト＆シフトはクラウド移行のメリットを早期に得ながら、期間をかけて段階的にアーキテクチャーを変える手法であり、リスクを抑えた移行方式といえます。

リフトで単純移行する際は、手間を少なくできるクラウドへの最適化のみを実施します。リフトでクラウドに移行した後は、アーキテクチャー変更の障害となるようなギャップを小さくして、取り組みやすい状態にしてからアーキテクチャーを変えるなど、いくつかのステップに分けて移行します。

DBLINKを廃止する場合で例えると、DBLINKを使っているビューを順次減らしてからDBLINKを廃止するといったやり方が考えられます。アプリケーションを順次API（アプリケーション・プログラミング・インターフェース）化し、時間をかけてマイクロサービスにする際、データも順次新しいアーキテクチャーのデータベースに移行するという例もあります。

データベース移行では、オンプレミス環境のハードウエアの保守が切れるタイミングでDBMSを変えずクラウドに移行し、その後DBMSをそのクラウド環境独自のDBMSに移行する、という手法を採用するケースが少なくありません。移行の目的や実現可能性によって、どのような移行パターンにするかを決めるとよいでしょう。

構成要素別の移行

クラウドへのデータベース移行の際、変換や移行の対象となるもののうち、インフラに関わる構成要素を挙げ、それぞれで発生しやすいギャップや取り得る移行方式、注意点を以下で説明します。

クラウド上のデータベースサービスについて機能・非機能要件を満たすための設計作業がインフラ移行です。ここで注意点が２点あります。

１つは、オンプレミスのデータベース設計をクラウドのデータベースサービスのものにそのまま変換するのではなく、要件を基にして方式設計や詳細設計をすることです。その際にオンプレミスでの設計内容も参考にします。クラウドではオンプレミスにない設計要素があります。移行によってDBMSを変更する場合、新たな設計要素が多くなります。単純に設計内容を変換しようとすると、新たな設計要素が漏れる恐れがあります。

もう１つは要件を再検討することです。オンプレミスで実装しているシステムのインフラ要件には、オンプレミス特有の内容が含まれている場合があります。この作業をやらずに設計を始めると、仕様調整に余計な期間がかかります。クラウドに合わない要件は、変更や緩和をする必要がないかを検討します。

クラウドでも設計工程は必要

クラウドのデータベースサービスは多くの機能が自動化されていますが、設計要素はオンプレミスに劣らず多くなっています。以下でオンプレミスからの移行でギャップになりやすい要素を中心に説明します。

クラスター構成

クラウドでは、取り得るクラスター構成のパターンがあらかじめ決められています。利用者はどの構成パターンにするか、インスタンス数とスペックをいくつにするかという選択をします。オンプレミスで非常に高い可用性（99.95％以上）を達成しているデータベースを移行する場合は、ギャップが発生するかもしれません。クラウド提供事業者が設定しているデータベースサービスの可用性の設計目標は99.95％前後だからです。

SLA（サービス・レベル・アグリーメント）も同じ数値に設定されています。これより高くするのが難しいのは、クラスター構成が多くの場合、アクティブ－スタンバイの構成になっているのが一因です。アクティブ側のインスタンスが停止した場合は、スタンバイに引き継がれるまでに短時間の停止が入ります。この影響を取り除くのは困難です。例外は少数ですが、Oracle Cloud Infrastructure（OCI）で選択できる「Oracle Real Application Cluster（RAC）」構成などが挙げられます。

例えばパッチの適用で短時間の停止が入ることが避けられないサービスもあります。適用が必須なパッチが出てきても、データベースサービスによっては無停止で適用できない場合があります。これも可用性を落とす一因です。実際、オンプレミスでOracle RACなどのアクティブ－アクティブ構成にしてパッチ適用を最小限にして稼働させ続けるスタイルの運用を見かけます。

こうした運用はクラウドでは実現しにくく、可用性の要件が緩和できるかどうかを検討します。もう１点、サポートされなくなったバージョンは利用できなくなることもギャップになり得ます。利用できなくなる期限を迎えると強制アップグレードされます。バージョンアップせず、いわゆる「塩漬け」にする運用も困難です。

データベースおよびスキーマ構成

データベースおよびスキーマ構成は、DBMSの種類を変える際にギャップが発生することがあります。例えばOracleとSQL Server、PostgreSQLには概念レベルで違いがあります。

DBMSによって、１つのインスタンスに作成できるデータベースの数は１つなのか、複数なのかが異なります。SQL Server、PostgreSQLはインスタンスの中にデータベースを複数つくれます。１つのデータベースには複数のスキーマを含められます。

細かい仕様の違いになりますが、DBMSによってスキーマの考え方が若干異なります。スキーマとユーザーが1：1の関係で一致しているものと、1：Nの関係に分離されているDBMSに分かれます。データベース、スキーマをどのように利用しているかによって、適したマッピングの方式が変わってくることになります。

OracleのスキーマについてはSQL ServerやPostgreSQLのデータベースに対応付けたり、複数のデータベースを統合したりするような構成にできますが、逆にSQL ServerやPostgreSQLからOracleに移行する際はマッピングの自由度が下がります。その際はデータベースとスキーマの設計を変える検討をします。

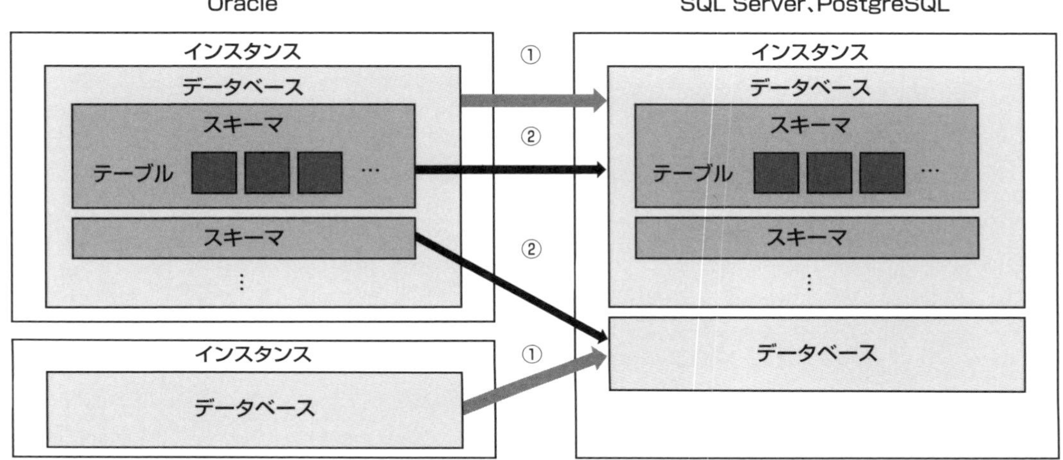

図2 DBMSごとのデータベース、スキーマ構成の違いとマッピング

クラウドのデータベースサービスは、オンプレミスや仮想サーバーのように、OS上に複数のデータベース環境をつくれないことにも注意します。複数のデータベース環境をつくる場合、データベースインスタンスを複数作成する製品もあれば、複数のデータベースソフトウエアをインストールしてそれぞれのインストール先にデータベース環境を作成する製品もあります。OSにアクセスできないPaaS（プラットフォーム・アズ・ア・サービス）ではこのような自由な構成はできません。

オンプレミスでOS上にデータベース環境が3つある場合、単純に移行するとクラウドのデータベースインスタンスも3つになります。コストも手間もかかります。対策としては、1つのデータベース環境に、データベースもしくはスキーマ単位で統合していくことが考えられます。

表1 データベースサービスの自動運用機能と制限の例

		内容
自動メンテナンス	バックアップ	自動的にバックアップが取得され、バックアップ保持期間の任意の時刻に戻せる
	ログ管理	ログがローテーションされ、ログ管理サービスに自動的に転送され保管される
	パッチ	マイナーバージョンアップが自動的に適用される
制限	OSへのアクセス	OSユーザーでログインできないため、ローカルにプログラムやツールを入れられない。ログ、性能管理のインターフェースは用意されている
	DB管理者ユーザーの利用	管理者ユーザーでログインできない。パラメーター変更、一部の管理機能のインターフェースは用意されている
	クラスタ構成	RDBMSやサードパーティーソフトを利用して、サービスで用意されていないクラスター構成を組めない
	必須パッチ	必須パッチを適用するために停止することがある

運用

クラウドにデータベースを移行する際、メンテナンスを自動化するマネージドサービスを利用するのが主流です。マネージドサービスはPaaSとほぼ同じ意味合いです。OS、ミドルウエアをクラウド事業者が管理しています。利用者が管理する範囲が少なくなるため運用工数を削減できます。その半面、制約もあります。

バックアップやログ管理、パッチ適用などがマネージドサービスの機能で自動化されます。これらはコンソール画面から設定するだけで自動メンテナンス機能が働くようになります。そのため実装、運用が大きく効率化します。

移行に際しては、自動メンテナンス機能を生かした運用設計にしつつ、制約の影響を受ける場合は方式を変更します。例えばOS上で業務アプリケーションや監視ツールを実行している場合は、別のサーバーからデータベースに接続するように変更します。ネットワークを介した接続になることでレスポンス時間に影響する可能性があるため、性能確認が必要です。

管理者ユーザーで実行しているオペレーションについては、管理者ではないユーザーが実行するように変更するか、マネージドサービスが独自に用意している管理オペレーション用のインターフェースを利用するよう変更します。

インターフェースの内容はそれぞれのマネージドサービスによって仕様が異なります。習得する手間がかかることは意識しておきましょう。マネージドサービスを利用した運用に変更するための設計工数はかかりますが、実装、運用は効率化できます。

文字コード

DBMS によってサポートされる文字コードには差異があります。クラウド向けに作成された新しいデータベースサービスの場合、UTF-8 を中心とした文字コードをサポートする傾向にあります。そのためオンプレミスでこれまで使っていた文字コードをそのまま使い続けられない場合があります。データの移行については文字コードを変換しながら移行するツールを利用するとよいでしょう。アプリケーションの動作が文字コードの影響を受けるか確認して対処します。データとアプリケーションの移行については、1-6 で説明します。

1-5　データ移行方式

要件で異なるデータの移行方式 効率アップの鍵はツール選択

データベースをクラウドに移行する際、オンプレミスとは異なるDBMSに移行するケースがある。その際、データの移行方法によって品質と効率は大きく変わる。要件によってデータをクラウドに移行する際の方式は異なる。

オンプレミスで使っていたDBMS（データベース管理システム）とは異なるDBMSにデータを移行する際、移行方法によって品質と効率は大きく変わります。鍵となるのは、移行プログラムのつくり込みや手作業をできるだけ少なくすること、そして移行ツールの選択です。クラウド事業者からもオンプレミスとクラウドの間で利用できる移行サービスが登場しています。ツールをうまく活用したクラウドへのデータ移行を計画しましょう。

移行要件によるパターン分け

移行要件によって適したデータ移行方式は異なります。最も影響が大きな要件はダウンタイムです。ダウンタイムとはシステム切り替えの際に許容されるシステム停止時間です。このダウンタイムの長短を起点に移行方式を検討していきます。

ダウンタイムを長く取れる場合

長いダウンタイムを許容できれば、データ移行にかけられる時間も長くなり、安全で低コストな移行方式を選択しやすくなります。ポイントはできるだけ実績があり、データの出力から入力までを広くカバーするツールを使った移行方式にすることです。以下でダウンタイムを長く取れる場合の移行方式を見ていきます。

①DBMSのユーティリティー

ダウンタイムを長く取ることができ、移行前後のDBMSが同じ場合、DBMSのユーティリティーを使って移行するのが最も安全で効率的です。Oracleが備

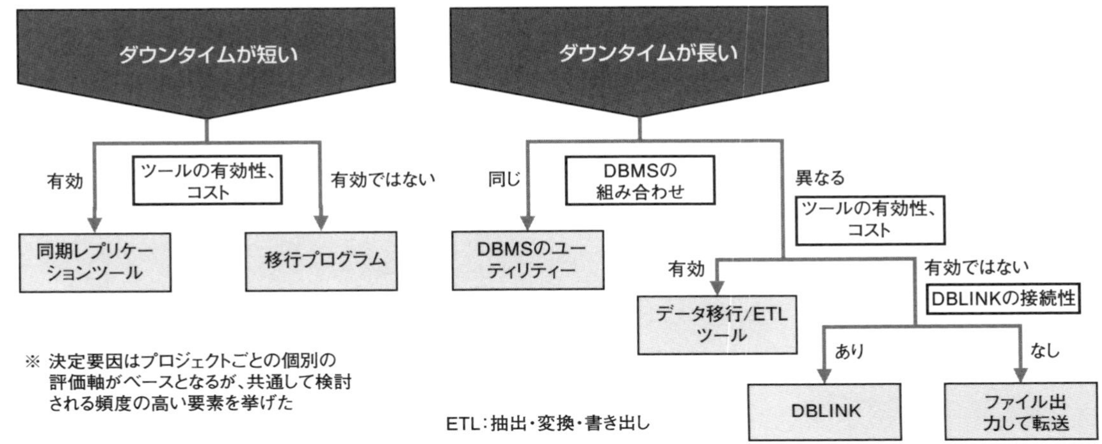

図1 移行方式の選択肢と主な決定要因

える「Data Pump」、PostgreSQLの「pg_dump」などが該当します。移行元でデータをファイルとして出力し、移行先で取り込む方式です。

これらのユーティリティーはもともとデータベース間で効率よくデータを移すことを考えてつくられており、実績も豊富なため品質が安定しています。品質が安定しているというのは、不具合や予想外の動作をするリスクが小さいということです。一般的に使われるツールであり、技術情報も豊富で、スキル習得の手間を少なくできる可能性が高い方式です。

②データ移行ツール

異なるDBMSに移行する場合、入出力するファイル形式が異なるためユーティリティーは使えません。CSVファイルに変換して入出力するユーティリティーはありますが、定義ファイルをつくり込む必要があり、目的とする品質と効率の高い移行方式とはいえません。この場合は移行ツールの活用を検討します。

移行前後のDBMSの組み合わせによって、適するツールは異なります。

DBMSの組み合わせに特化した製品もあれば、多くのDBMSに対応して様々な組み合わせで利用できるものもあります。

クラウド事業者がクラウド上に用意している移行サービスも選択肢になります。マネージドサービスとなっていて、インスタンスを起動、設定し、エージェントを導入することで使えるようになります。マネージドサービスではないツールよりもセットアップの手間を少なくできます。

コストも魅力的です。クラウドサービスであるため、インスタンスを起動している時間分の費用で済むからです。データ移行はスポットで実行するものであり、動作検証、試験、移行の工程で利用する時間分の料金を見積もっておけばいいでしょう。多くの場合、同様の機能を持つ商用製品のライセンスを購入するより安価です。具体的な移行ツールについては後述します。

③ ETLツール

移行方式として、ETL（抽出、変換、書き出し）ツールの利用も考えられます。ETLツールはデータ連係製品であり、システム間でデータを変換しながら連係させるものです。データ移行ツールがデータベースの移行時にスポットで使われるのに対して、ETLツールはシステム運用で継続的に利用されます。

ETLツールを利用するメリットは、DBMSごとのデータ型、文字コードの違いを吸収し、データの変換にも対応できる点です。移行のタイミングでデータの仕様が変わる場合にも効果を発揮します。ただし、専門のデータ移行ツールとは異なり、データ型の対応付けなどを自動ではできません。マッピングを定義する必要があります。

④ DBLINK

DBLINK（データベースリンク）でデータベース間を直接接続してデータを取得することでもデータを移行できます。同じDBMSであっても、移行元と移行先でバージョンが離れすぎていると接続できません。異なるDBMS同士で

DBLINK による接続がサポートされるかどうかは、DBMS の種類とバージョンの組み合わせ次第になります。

DBLINK も ETL ツールと同様、文字コードの違いを吸収してくれるメリットがあります。面倒なのはテーブルごとにデータを取得・蓄積する SQL 文を作成してスクリプト化するなどを考慮しなければならない点です。画面上の定義で済む ETL ツールに比べ、コードを書く分、テスト工数などが増え、品質管理のコストもかかります。テーブル数が多くなければ選択しやすい方式だといえます。

⑤ファイル出力して転送

CSV などでの入出力に対応したユーティリティーを持つ DBMS もあります。ただし DBMS が異なると定義の記述に工夫を要したり、取り込みできなかったデータを確認して原因を調査したりと、作業負担が大きくなりやすいデメリットがあります。

ダウンタイムを長く取れる移行方式は、以下で説明する、短いダウンタイムで移行する方式に比べて、低リスク、低コストになります。ダウンタイム要件を緩和できるかを検討し、時間を長く取るよう調整することをお勧めします。

ダウンタイムが短い場合

ダウンタイムの要件を短くせざるを得ない場合は、あらかじめデータを移行しておき、更新分のデータだけを短時間で移行する方法を採用します。ツールを使わない場合は相当な作業工数がかかります。事前のデータ移行が必要なうえ、更新データを抜け漏れなく移行するプログラムのつくり込みや不具合修正などの品質管理の負担が重くなります。移行当日も一括移行に比べて複雑な作業になります。作業品質を安定させるためのリハーサルに要する時間もかかります。

ダウンタイムを短くして移行するためのツールとしては、同期レプリケーションツールが挙げられます。事前にフルセットのデータを一括移行しておき、移行元データベースの更新ログを転送し、移行先のデータベースに適用する仕組みで

表1 主なデータ移行ツール

データ移行ツール	開発元	対応する移行方式		特徴
		一括移行	同期レプリケーション	
AWS Database Migration Service	米アマゾン・ウェブ・サービス	○	○	・数多くの移行元／移行先データベース間でのデータ移行に対応している ・データ同期して短時間で切り替えることが可能 ・時間課金で利用可能 ・ AWS環境へのデータ移行にのみ対応
Oracle Cloud Infrastructure GoldenGate	米オラクル	−	○	・数多くの移行元／移行先データベース間でのデータ移行に対応している ・データ同期して短時間で切り替えることが可能 ・商用ライセンス買い取りとなり費用が高額 ※OCIへの移行であればOCI上で時間課金で利用可能
Azure Database Migration Service	米マイクロソフト	○	○	・同種のDBMS同士での移行に対応している ・Azure Data StudioのAzure SQL Migration拡張機能でも一部データベースの移行が可能 ・同期レプリケーションできる環境の組み合わせは限られる ・時間課金で利用可能
Google Cloud Database Migration Service	米グーグル	○	○	・MySQLとPostgreSQLの同じDBMS同士での移行に対応している ・異なる種類のDBMSの移行機能はプレビュー中 ・時間課金で利用可能
Qlik Replicate	米クリック・テクノロジーズ	○	○	・数多くの移行元／移行先データベース間でのデータ移行に対応している ・歴史が長く実績が豊富 ・商用のサブスクリプションライセンス
SharePlex	米クエスト・ソフトウエア	○	○	・Oracle同士のデータ移行が中心 ・歴史が長く実績が豊富 ・商用のサブスクリプションライセンス
Ispirer MnMTK	米インスパイアー・システムズ	○	−	・数多くの移行元／移行先データベース間でのデータ移行に対応している ・一括移行にのみ対応している ・商用のサブスクリプションとなり費用が高額だが、ソースコード変換機能も利用できる
Ora2pg	オープンソースソフトウエア	○	−	・Oracle と MySQL のデータを PostgreSQL に移行する ・一括移行にのみ対応している ・無償で利用できる

す。更新ログをキャプチャーすることから、CDC（Change Data Capture）とも呼ばれます。システム運用において継続的なデータ同期にも使われる技術です。

同期レプリケーションを含めた移行ツールは多くのベンダーから提供されています。ツールによって対応する環境や対象とするDBMS、価格が異なります。複雑な機能を提供する分、価格は高めです。クラウドへ移行する際、最初に検討したいのはクラウド事業者が提供しているデータ移行サービスの利用です。前述したように比較的低価格で利用でき、セットアップの手間も少なくて済みます。

クラウド環境としてAmazon Web Servcies（AWS）を利用している場合は、「AWS Database Migration Service（DMS）」がよく利用されます。2016年に正式リリースされたサービスで、品質が安定してきています。数多くのDBMSにも対応しています。AWS DMSは、AWSへ移行する場合にのみ対応しています。AWSにはスキーマやSQLを変換する「AWS Schema Conversion Tool（SCT）」というサービスもあり、ラインアップが充実しています。

Oracle Cloud Infrastructure（OCI）では「Oracle Cloud Infrastructure GoldenGate（GoldenGate）」が利用できます。クラウドサービスとなったのは最近ですが、GoldenGate自体は以前から販売されていた製品です。多くのDBMSに対応しており、実績豊富です。プラットフォームを問わず利用できますが、OCIへ移行する際には時間課金で利用できるためコストを抑えられます。Azure、Google Cloudも最近「Database Migration Service」という同種のサービスをリリースしています。

クラウド事業者ではないサードパーティー製のツールで有力なのが米クリック・テクノロジーズ（Qlik Technologies）の「Qlik Replicate」と米クエスト・ソフトウエア（Quest Software）の「SharePlex」です。いずれも主要なDBMSに対応しており、異なるDBMSへの移行に利用できます。

ツールを選択する際は、移行元、移行先のDBMSへの対応状況を確認して候補を絞ります。価格モデルは製品によって異なります。データベースサーバー、スペック、利用時間、DBMSエディションのいずれが基準になるかによります。このほか注意したいのは、すべてのデータを移行できるわけではない点です。オ

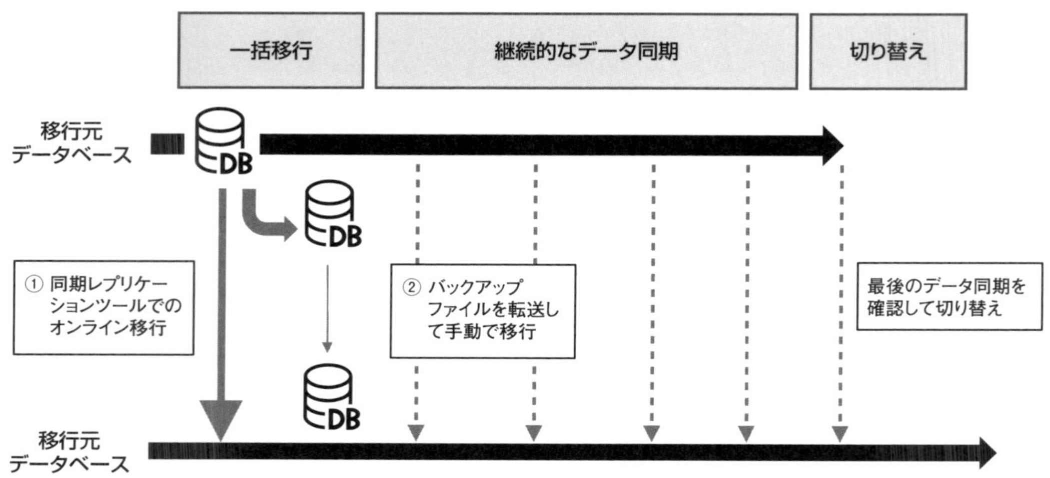

図2 同期レプリケーションツールを利用した移行の流れ

ブジェクトの種類（シーケンス、パーティション表など）、データ型などによっては同期できない場合があります。制約も製品ごとに異なるため、価格や機能と合わせて比較検討し、選定します。

クラウドへの同期レプリケーションツールはここ数年で立ち上がってきました。安定性と有効性を検証するPoC（概念実証、Proof of Concept）を実施し、評価してから利用することをお勧めします。同期レプリケーションツールを利用するには、移行元データベースで追加の更新ログを出力する設定が必要になります。本番データベースのパラメーターなどに変更を加えることになり、変更ログの出力量やインプット／アウトプット負荷が増加します。システムリソースに余裕がないデータベースへの適用は難しい場合があります。

同期レプリケーションツールによる移行の流れ

同期レプリケーションツールを利用する際は、まずフルセットのデータを一括して移行先に移します。同期レプリケーションと一括移行の両方に対応しているツールもあります。

データ量が極めて大きい場合、ツールを使ったオンラインでの一括移行に時間がかかりすぎるケースがあります。その際は、バックアップデータを基に移行先データベースに対して、ある時点での一貫性の取れたデータセットを再現します。次に差分データを転送、適用していきます。

差分データは一括移行したデータセットの時刻以降、最新の更新時点までの更新データになります。いったん同期し始めたら、原則同期したままの状態にします。なお業務のピークの際に一時的に停止して夜間に再開するといったこともできます。更新データの範囲はレプリケーションツールが判断して、順序性を守って同じ値になるように更新していきます。

システム切り替えの際に、すべての更新データが適用されたことを確認してレプリケーションを停止し、移行が完了します。システム切り替え前にデータの更新量が多いと、差分データの転送と適用に時間がかかり、ダウンタイムが長くなる可能性があります。システム切り替え前の更新量が少なくなるように、切り替えのタイミングを決めることが重要です。

移行方式を問わない注意点

データ移行では次の点にも注意します。

①値のチェック

データ移行前後で正しく移行できているかを確認します。通常はテーブルごとのレコード件数が一致していることを確認します。プラットフォームやDBMS、文字コードが変わる影響を受けることがあるため、アプリケーションから取得して文字化けしないことを確認します。移行前後で値が正しいことまで確認するかどうかは、そのシステムの重要性、コストをかけられるかなどによります。一部のツールは値の検証機能も備えています。なお筆者はツールの不具合で値が変わるという経験をしました。シビアにデータ確認した方がよいでしょう。

② NULLの扱いの違い

DBMSによってNULLと空文字の扱いが異なります。PostgreSQLは区別しますが、Oracleは区別せず、空文字が入るときにNULLとして挿入します。OracleからPostgreSQLに移行する際は基本的に明示的にNULL値にするなどとなりますが、対応方法はデータを扱うアプリケーション仕様とも合わせて検討します。NULLの扱いを変更すると、データ移行の際に変換をかける作業が必要になります。

③外字

文字セットにあらかじめ登録されていない文字を、外字と呼びます。外字がある場合、移行によって文字コードが変わるなどした際に登録の方法を変える必要があります。

④統計情報の取得

データというよりインフラの領域になりますが、データの量や分布を記録した統計情報を取得します。データ移行後にこの情報を取得していないと、誤った統計情報を基に実行計画を立てることになり、性能トラブルの発生につながります。統計情報の取得はCPU、ディスクＩ／Ｏを多く発生させ、処理の時間がかかります。当日取得する時間を考慮しておくか、事前に取得した統計情報を利用するなどの対応を検討します。

1-6　アプリケーション移行

DBに伴うアプリケーション移行 どのような修正が発生するか

データベースをクラウドに移行する際、必要となるアプリケーションの修正量は移行パターンやスキーマなどの影響を受ける。特に修正が増えるのはDBMSの変更を伴う場合。クラウド移行に伴うアプリケーションの移行を解説する。

アプリケーションの修正が特に増えるのは、DBMSの変更を伴う移行時です。たとえDBMSが同じでも、PaaS（プラットフォーム・アズ・ア・サービス）に移行すると修正が発生する場合があります。移行の内容によってどのようなアプリケーションの修正が発生するか、効率化するにはどのような方法があるのか、併せて解説します。

PaaSになることによる影響

クラウドにデータベースを移行する際、構築や運用を効率化できるPaaSにするのが一般的です。データベースをPaaSにすると、OSにはアクセスできなくなります。そのためデータベースサーバー上で動作させているアプリケーションを他のサーバーに移す必要があります。代表的なのはバッチプログラムやデータ連係のジョブでしょう。バッチプログラムをデータベースサーバー上に配置してダイレクトに接続している場合は、新たにバッチサーバーをつくってリモートで接続するようにします。

バッチプログラムやデータ連係のジョブの場合、データベースサーバーのOS上のストレージ領域にデータを入出力することもあるでしょう。この場合はストレージ領域もバッチサーバーに移すか、例えば米アマゾン・ウェブ・サービス（Amazon Web Services、AWS）のストレージサービスを利用するなど設計の変更を検討します。接続部分やデータ入出力先の修正だけであれば軽微であり、通常はPaaSにすることによるメリットの方が上回ります。

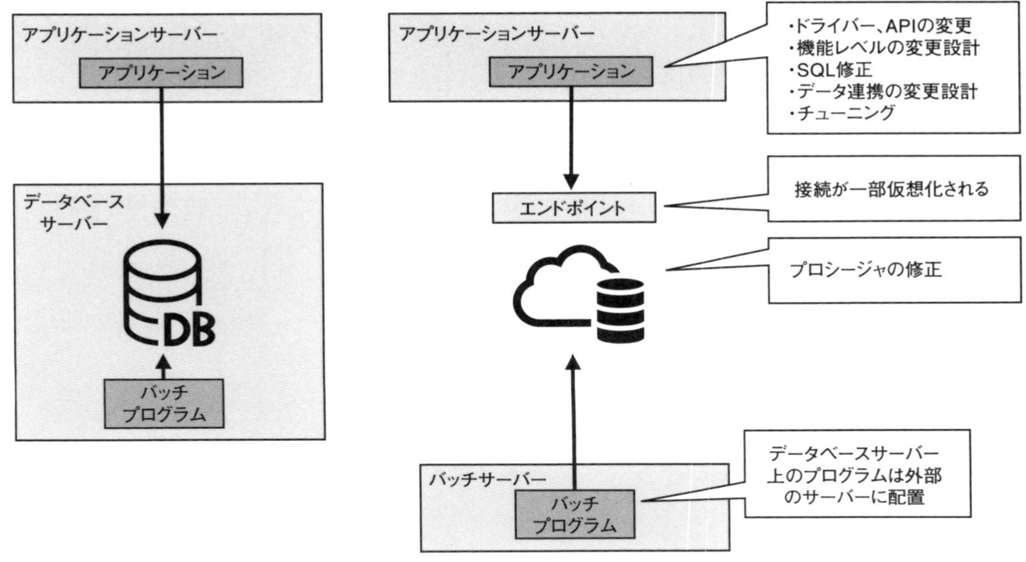

図1 データベースのクラウド移行で発生するアプリケーション修正

接続に関して、更新と参照の処理を別々のデータベースサーバーで処理するようにしているシステムを移行する際、PaaSでは「エンドポイント」という概念も考慮します。エンドポイントというのはアプリケーションなどのクライアントからの接続先という意味です。

クラウド上では仮想的な接続先となるエンドポイントを構成できます。AWSのRDBMSサービスである「Amazon Aurora」を例に取ると、個々のインスタンスに加えて、書き込みや読み込みのインスタンスをグループ化してエンドポイントを作成できます。アプリケーションからはクラスター構成を意識することなく、更新、参照を区別して接続先を利用するだけでよくなります。DBMSの機能とは別にクラウド上で用意されている仕組みであり、接続管理の柔軟性が増します。

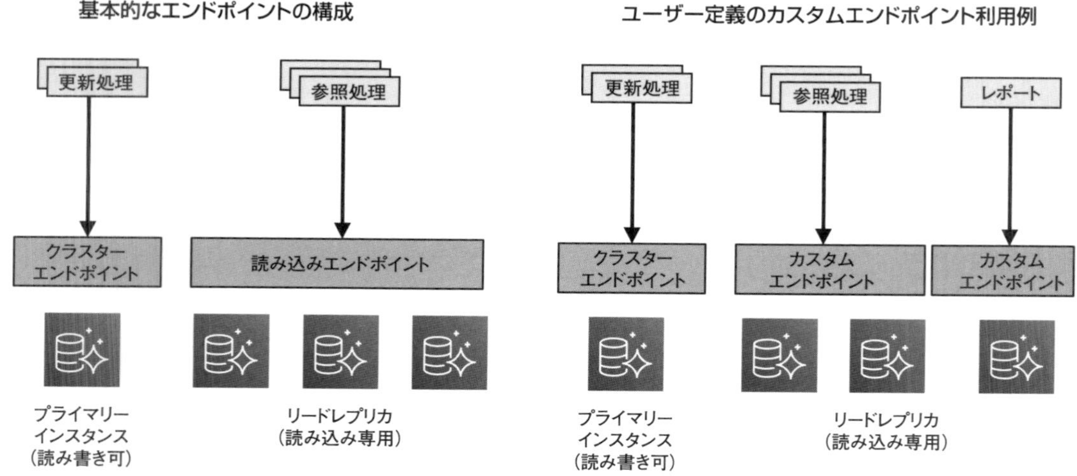

図2　Amazon Auroraでのエンドポイント

DBMSを変更することによる影響

クラウドへの移行に際し、DBMSを変更するとアプリケーションの様々な部分に影響が出る可能性があります。

①ドライバーの変更

データベースに接続するドライバーの変更が発生します。複数のDBMSに対応するドライバーもあれば、そうでないものもあります。ドライバーを変えるとデータベースに接続、アクセスするためのAPI（アプリケーション・プログラミング・インターフェース）が変わります。APIはSQL文の発行、データの取得などの処理を実行するたびに呼び出されます。ソースコード上での記述量が多いため、変更の影響は大きく、データアクセス部分のコード修正が大量に発生する可能性があります。

ドライバーが変わる場合でも、O／Rマッパー（オブジェクト指向言語と

RDBの形式との間でデータを相互変換する機能。データアクセス部分のコードが隠蔽されて直接APIを記述しなくてよくなるものもある）のようなフレームワークがAPIの差異を吸収してくれる場合は修正せずに済むこともあります。修正内容はたいてい機械的ですが、ボリュームが大きくなるとコストや期間に与えるインパクトが大きくなります。将来の移行性を高めるにはドライバーやO／Rマッパーについては汎用的な技術を使うのが安全といえます。

②サポート機能の違いによる修正
DBMSがサポートする機能の違いの影響を受ける場合に修正が発生します。ギャップがよく発生するのは、マテリアライズドビュー、シーケンス、データベースリンクといった機能です。サポートされている場合でも動作仕様が異なり修正を必要とする場合があります。

機能レベルでのギャップに該当する場合は設計変更となり、アプリケーションを修正するボリュームが大きくなりやすくなります。例えばシーケンスが使えなくなった場合は、採番の仕組みをつくり込むことになります。ツールでは対応しにくい内容です。修正にあたっては、DBMSを問わず動作するよう標準的な仕様にしていくとよいでしょう。

③SQL仕様のギャップによる修正
DBMSがサポートするSQL仕様のギャップに応じて修正が発生します。修正のボリュームは比較的多くなります。現在主流のDBMSの場合、SQLの文法が標準化される前から存在しているものも多く、標準とは異なるDBMSごとの「方言」があります。標準に定められていない、DBMSが独自に拡張している機能を利用している場合にもギャップが発生します。

修正内容は、通常は文法上の機械的な変換が多数を占めます。ソースコードを自動変換するツールがあり、うまく利用すると単純作業を大幅に効率化できます。機械的な変換では済まないケースとしては、関数の違いによりソースコード上のロジックの変更で対応しなければならない場合や、条件によって複雑な分岐をし

表1 主なSQL文変換ツール

変換ツール	開発元	対応する変換範囲		特徴
		SQL変換	ソースコード変換	
AWS SCT（AWS Schema Conversion Tool）	米アマゾン・ウェブ・サービス	○	○	・数多くの移行元／移行先データベース間での変換に対応している ・GUI、APIを利用した変換が可能 ・時間単位の課金体系で利用できる
Ispirer MnMTK	米インスパイアー・システムズ	○	○	・数多くの移行元／移行先データベース間での変換に対応している ・ソースコードをコンパイルできる状態にして出力する ・商用のサブスクリプションで、ソースコードのステップ数と利用期間により料金が決まる
Ora2pg	（オープンソースソフトウエア）	○	−	・OracleとMySQLから、PostgreSQLへの変換に対応している ・無償で利用できる
SQLines SQL Converter	米SQLines	○	−	・数多くの移行／移行先データベース間での変換に対応している ・SQLを記述したファイルを読ませて変換する ・低コストで利用できる

ながらSQL文を動的に組み立てるようなコードになっている場合などが挙げられます。

こうした場合、ツールは変換が苦手で、人手による修正になる可能性が高くなります。変換率はソースコードの記述方法の影響を受け、利用するツールによっても異なります。変換率は平均すると80～90％です。

高価な商用のツールはソースコードをコンパイルできる状態にして出力するものもあり、無償で利用できるオープンソースソフトウエアは単一のSQL文単位での変換にのみ対応しています。変換仕様を公開しているわけではなく、机上で変換率を推定することはできません。PoC（概念実証、Proof of Concept）の工程を設けて試用して有効性を確認してください。ソースコードの規模や変換率、調達可能なエンジニアリングリソースによってツールの利用を検討するとよいでしょう。

ツールによる変換で注意したいのは、保守性や性能が最適なSQL文になるとは限らない点です。ツールの有効性を事前に試し、保守性や性能を保つための作業も考慮して有利な方式を検討してください。

④プロシージャの仕様差

DBMSによるプロシージャの仕様差の影響も大きくなります。自動変換に対応しているツールもありますが、変換率は相対的に低く保守性の低いコードになることがあります。ツールによる自動変換にはあまり大きな期待は持たない方がよいでしょう。移行先DBMSの形式のプロシージャに変換すると、将来DBMSを変える場合に再度変換が発生します。アプリケーションサーバーやバッチサーバー上のロジックとして実装し直すのが基本的な対応となります。

ごく限られた組み合わせですが、異なるDBMSの形式のプロシージャが動作するよう拡張している製品も存在します。簡易な変換にとどめたい事情がある場合は選択肢になるでしょう。異なるDBMSのSQL仕様に対応する製品は次々と出てきていますが、プロシージャに対応する製品はほとんどありません。プロシージャという技術そのものにベンダーが力を入れなくなっており、技術的負債になりつつあると感じます。

⑤データ連係のソースコード書き換え

DBMSを変更するとデータ連係のソースコードの書き換えが発生することがあります。同じ種類のDBMS同士で、DBMS固有のユーティリティーを使ってデータを出力、入力している場合がこれにあたります。他のDBMSでも取り込み可能な形式で出力して、入力側でも同様の対応をすることになるため、移行対象ではないシステムでも修正が発生します。

この影響はシステム移行の複雑性を上げます。システムの担当部署やオーナーが異なると調整に困難を伴います。同じ種類のDBMS同士という状態が継続する前提でのデータ連係方式になっていることが原因ともいえます。システム間を

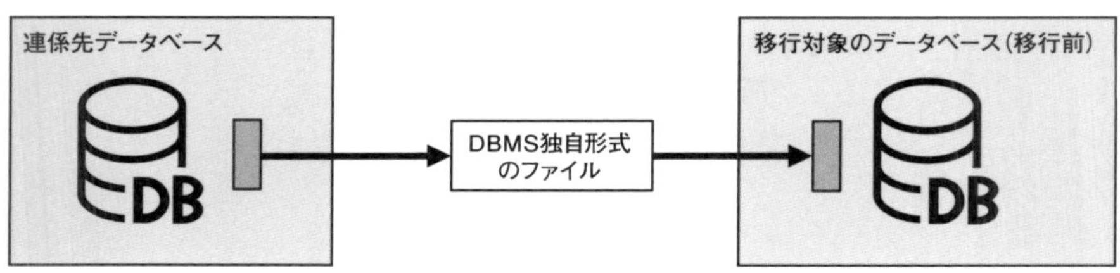

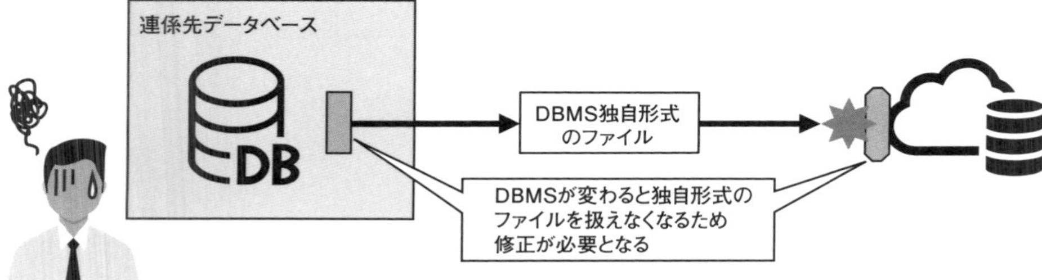

図3 データ連係のソースコードの書き換えが発生

疎結合にしていくというクラウド的な考え方からすると、データ連係ツールやサービスでDBMSの差異を吸収して相互依存しない構成を検討するとよいでしょう。

⑥性能特性

DBMSが変わると性能特性が変わります。DBMSによって、データアクセスの方法を決めるオプティマイザーと呼ぶ機能の実装が異なるためです。サポートされるインデックスの種類や結合方法といった、高速化のための機能による違いも影響します。移行によって速くなるSQLもあれば、遅くなるSQLも出てくるでしょう。

表2 移行ギャップを埋める機能を持つデータベースサービスの例

データベースサービス	開発元	対応する機能		特徴
		インターフェース	高速化	
Amazon Aurora	米アマゾン・ウェブ・サービス	−	○	・コミュニティー版のPostgreSQL、MySQLをベースに高速化の独自機能を追加 ・ストレージエンジンの強化、パーティショニング機能拡張など
Azure Database for PostgreSQL	米マイクロソフト	−	○	・コミュニティー版のPostgreSQLをベースに高速化の独自機能を追加 ・水平方向へのスケールアウトなど
AlloyDB for PostgreSQL	米グーグル	−	○	・プレビュー中（一般利用前の状態） ・コミュニティー版のPostgreSQLをベースに高速化の独自機能を追加
Babelfish for Aurora PostgreSQL	米アマゾン・ウェブ・サービス	○	○	・コミュニティー版のPostgreSQLをベースとしたAmazon Aurora for PostgreSQLに、SQL Serverのインターフェースを追加したサービス ・高速化の独自機能はAmazon Aurora同様実装されている
Cloud Spanner PostgreSQL Interface	米グーグル	○	○	・Google Cloud独自データベースにPostgreSQLのインターフェースが実装されている ・水平方向に並列処理することで高速化できる
MySQL HeatWave	米オラクル	−	○	・MySQLの性能を強化したデータベースサービス ・Oracle Cloud、AWS、Azureで利用できる
EnterpriseDB	米エンタープライズDB	○	−	・コミュニティー版のPostgreSQLをベースにOracleのインターフェースを追加したサービス ・SQL文法、関数に加え、PL/SQLにも対応している

性能要件に合わないSQLや機能はチューニングしていきます。チューニングはツールによる対応が困難です。PaaSによっては独自の高速化技術や自動チューニング機能を売りにしているケースもあります。性能維持に懸念がある場合や、チューニングにリソースを割くのが難しい場合などは、高機能なPaaSを選ぶのも対応策の1つになります。

移行ギャップを埋めるデータベースサービス

移行による機能や性能のギャップを埋めるべく、クラウド上のデータベースサービスも進化しています。移行性を高める独自の機能を用意しているデータベースサービスもあります。

データベース移行はクラウド提供事業者が力を入れている領域であり、新たなサービスや機能が次々と生み出されています。筆者は今後の進歩に期待できると考えており、ここで書いた内容については、より移行が容易になる方向に変わっていくことでしょう。新しい情報のキャッチアップが欠かせません。

標準をつくることの重要性

移行全般にいえますが、修正にあたっては技術的負債を小さくする方向で、これからの標準がどうあるべきかを併せて検討すると、前向きに取り組めます。

データ基盤の領域では、かつてない速度で新たな技術や製品が生まれています。現在主流の製品が短期間で廃れるとは思いませんが、新しい技術のメリットを生かすには特定の製品にロックインされていないことが重要です。

データ活用が進むと社内の様々なチームがデータベースにアクセスするようになります。移行性のみならず、スピーディーに開発を進めながら統制をとるためにも、標準やガイドの重要性が今ほど増したことはありません。クラウドへの移行によってオペレーショナルな業務は減ります。空いた時間で価値のある業務に取り組み、成果を上げることにもつながるでしょう。

第 2 章

データ基盤構築の実際

2-1　クラウドネイティブとは

DXにおけるデータ基盤の主流にクラウドネイティブとは何か

データ基盤をクラウドネイティブにする流れが進んでいる。クラウドネイティブとは、以前から存在する技術をクラウドに持ち込むのではなく、クラウド環境での動作を前提に開発されたサービスを使ってシステムを構築する考え方である。

クラウドネイティブとは、以前から存在する技術をクラウドに持ち込むのではなく、クラウド環境で動作することを前提に開発されたサービスを使ってシステムを構築する考え方です。クラウド環境で最適に動作するよう設計されているため、より効率的に、より簡易に利用できます。クラウドによって得られるアジリティー（俊敏性）、柔軟性、コストなどのメリットをさらに高めるアプローチとして注目されています。

クラウドネイティブなデータ基盤は、デジタルトランスフォーメーション（DX）を進める際の期待に応えることができます。この章では、DXに取り組む際に選択されることの多い米アマゾン・ウェブ・サービス（Amazon Web Services、AWS）の「Amazon Web Services（AWS）」、米マイクロソフト（Microsoft）の「Microsoft Azure」、米グーグル（Google）の「Google Cloud」、米オラクル（Oracle）の「Oracle Cloud Infrastructure（OCI）」のサービスを取り上げて、クラウドネイティブなデータ基盤をどのように構築していくかを説明します。

クラウドネイティブなデータ基盤の構成例

クラウドネイティブなデータ基盤がどのようなものかをイメージしてもらうために、データ基盤のアーキテクチャー例を示します。

構成要素として中心的な存在がデータレイクです。データレイクの定義は諸説ありますが、ここでは組織内のデータを一元的に蓄積するストレージとします。

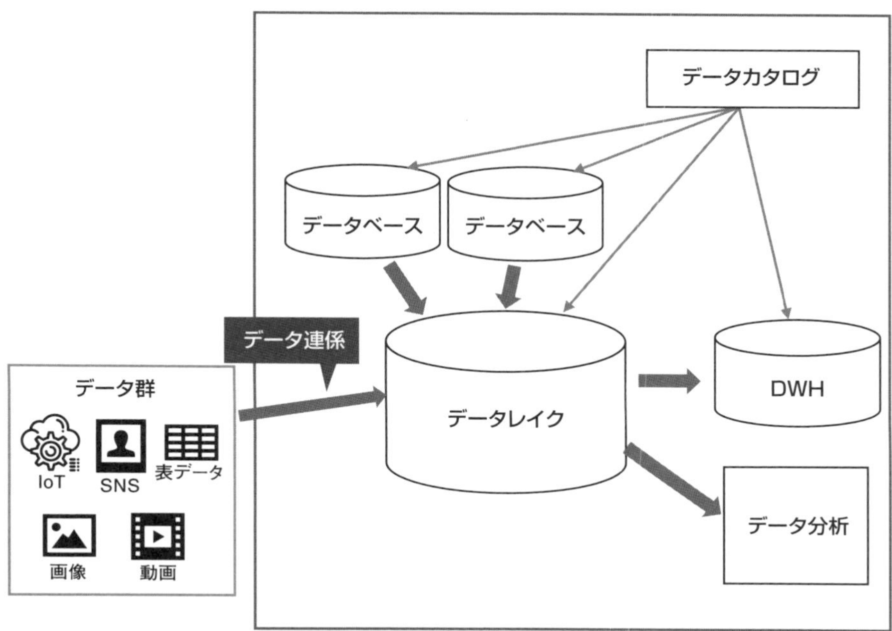

図1 クラウドネイティブなデータ基盤の概要

一元的に蓄積することで、データを利用する際に参照する先を１つにすることが可能で、他のサービスがデータを取得する際のハブの役割を担えます。データレイクの実態であるオブジェクトストレージのサービスは、最も早く開発されたクラウドネイティブなサービスの１つです。

データレイクにデータを蓄積する際に利用されるのが、データ連係のサービス群です。サービス群と表現しているのは、データ連係に対する多様なニーズを単一のサービスで満たすのは難しく、いくつかのサービスが用意されているからです。

クラウドネイティブなサービスは急速に充実してきており、実際のシステム構築で求められる多様な要求に対応できるようになってきています。サービスの種類が多くなっている分、それぞれの特徴を理解して最適なアーキテクチャーを選択することが求められます。

データ連係には「ETL（変換、抽出、書き出し）レス」といわれる連係処理の実装を不要にする重要な潮流があります。システム構築、運用を大幅に効率化する可能性のあるトレンドであり、自動化が進んで利用者の負担が減ることがクラウドネイティブの大きな利点です。

データを活用する側には、さらに多くのクラウドネイティブなサービスがあります。データ分析の基盤である「データウエアハウス（Data WareHouse、DWH）」、組織内にどのようなデータがあるのかを検索するための「データカタログ」、仮想的に複数の場所にあるデータを統合して分析に利用できるサービスなどいくつかのカテゴリーがあります。

加えて、業務で最もよく利用される「RDBMS（リレーショナルデータベース管理システム Relational Database Management System）」にもクラウドネイティブ化の流れがあります。クラウドネイティブな形に再設計したり、まったく新しい RDBMS を開発するなどして、新たな機能や能力を持ったサービスが登場しています。

2-1 では以降で取り上げるいくつかのテーマを概観していきます。

データベースのクラウド移行

第 1 章で解説したように、クラウドのアジリティーを生かして DX を素早く進めるには、オンプレミスにある既存のデータベースをクラウドに移すのが有利です。

利点はいくつかあります。まずクラウドネイティブなデータ連係サービスを利用しやすいことです。オンプレミスとクラウドの間でもデータ連係サービスは利用できますが、オンプレミス側にエージェントをインストールしたり、ストレージ領域やパラメーターの調整が必要であったりと手間がかかります。クラウド側に置くことで、こういった作業はクラウドの内部で自動的に実行されるようになります。シンプルなデータ連係であれば設定を調整するだけで、短期間でデータ活用に取りかかれます。

次にコストです。クラウド環境に特化して設計されているクラウドネイティブなデータベースはコストパフォーマンスに優れ、コストを削減できる可能性があります。運用や連係処理の自動化機能の恩恵をより多く受けることができ、クラウドネイティブな機能を活用した運用設計をするとインテグレーションコストを下げる効果が出ます。

コスト削減はデータ基盤を活用したDXでは大きな意味を持ちます。データ活用を進めるためのデータマネジメント業務はコストが膨れやすいからです。コストを不必要に高くしないために、またデータ基盤を充実させる投資の原資を得るために、既存のデータベースも含めてコストを最適化したデータ基盤にしていくことの重要性は高いといえます。

第1章でデータベースのコスト削減方法を取り上げたうえで、データベースのクラウド移行を計画、実行していく際の手法を説明しました。データベースのスキーマ、データに加えて、アプリケーション中のSQLを変換しながら移行します。それぞれ異なる手法やツールがあります。以下で移行作業が容易になるよう開発されているサービスを紹介します。

AWS Schema Conversion Tool（AWS SCT）

データベースのクラウド移行の中でも、データベースの種類を変更しながら移行する際に多くのギャップが発生する可能性があります。どのようなギャップがあるのかを効率よく調査し、自動変換にも対応しているサービスとして最も進んでいるのが「AWS Schema Conversion Tool（SCT）」です。データベースの移行をサポートするサービスとして、ここでは特にAWS SCTを紹介します。

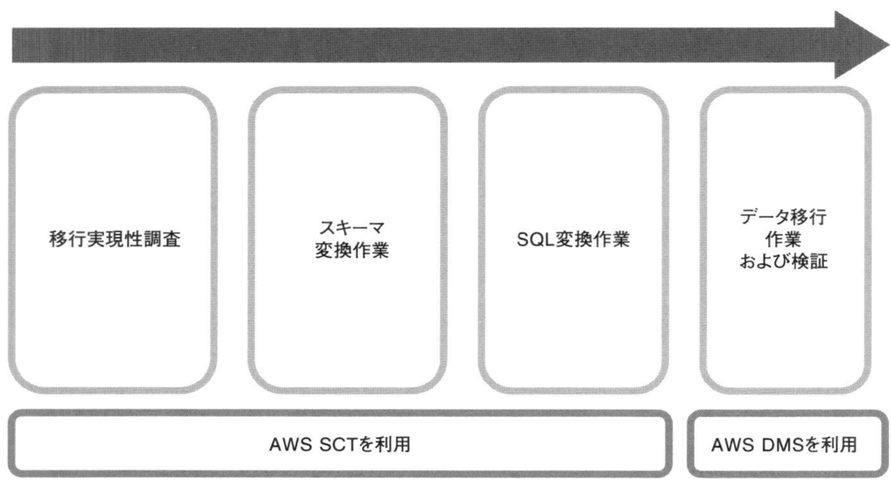

図2 DB移行に必要な作業と使用するツール

AWS SCTはインストールメディアの形で提供されており、Amazon Elastic Compute Cloud（EC2）にインストールして利用します。GUI（グラフィカル・ユーザー・インターフェース）を利用することから、Windowsに導入した方が使い勝手はよいものの、比較的メモリーを多く消費することに注意してください。使ってみてメモリーが不足する場合はEC2のインスタンスタイプを搭載メモリーの多いタイプに変更して、AWS SCTの設定メモリーサイズを上げるとよいでしょう。

AWS SCTを利用する際は、移行元と移行先のデータベースに接続できるネットワーク環境にします。移行元の本番データベースと直接接続することがセキュリティーポリシー上、難しい場合があります。AWS SCTで評価するのはスキーマ構成の移行性です。データの中身は問いません。接続するのは本番データベースと同じスキーマ構成の検証環境でも問題ありません。移行元、移行先のデータベースに接続するために、JDBCなどのデータベース接続用ドライバーをAWS SCTで設定するディレクトリーに配置します。ドライバーはデータベース提供元

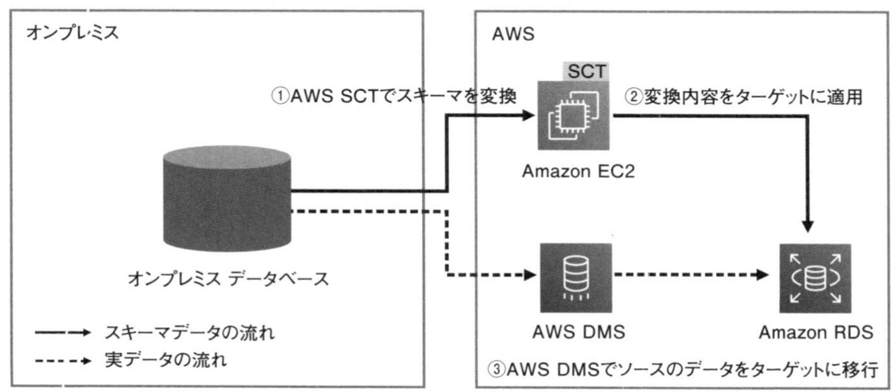

図3 AWS SCTとAWS DMSを用いたデータ移行時の構成

のWebサイトなどから入手します。

接続すると、AWS SCTでデータベース間の仕様差を吸収するよう変換した定義案と、変換できないオブジェクトについてのレポートを画面で見ることができます。このレポートはPDFに出力できます。同時にデータベースオブジェクトを作成するためのDDL（データ定義文）も出力できます。ソースコードの一部として管理するために出力しておきます。AWS SCTの変換方法についての設定を細かく修正することで、変換方法の一部を変えられます。

変換できないオブジェクトの数と内容を確認して、移行性や変換コストの試算の参考にできます。AWS SCTのレポートには変換に必要な工数の予想値が出力されますが、あくまで参考程度と考えてください。工数はドキュメンテーションやテストのやり方などの影響を受けます。単純な変換作業以外で、移行プロジェクトで必要となる工数が漏れないよう注意します。

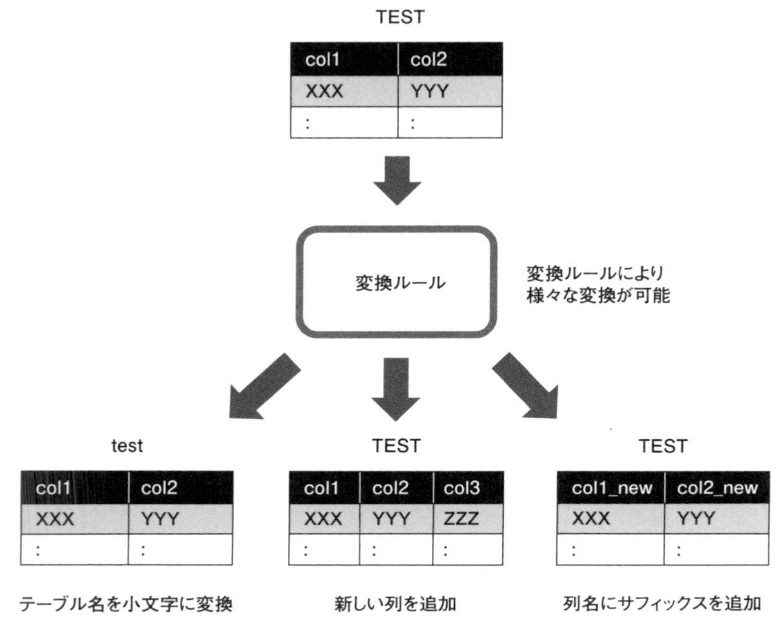

図4 マッピングルールでサポートされる様々なデータ加工

変換方法の調整が終わったら、移行先データベースに適用します。検証用にデータベースインスタンスを作成しておき、移行先データベースとして設定します。適用は AWS SCT が自動で実行し、変換後のスキーマ構成が実装されます。この環境を使って SQL やプロシージャが実行できるかを検証できます。

SQL 文の文法上のギャップのうち、機械的に変換できるものの多くは AWS SCT で自動変換できます。SQL 文を記載したファイルの読み込み、変換を実行するのがシンプルな使い方です。Java などのソースコードを読み込んで SQL 文を変換することもできます。この場合は SQL 文をソースコード中で動的に組み立てているなど、正しく抽出できないこともあります。自動変換がどの程度可能かは、データベース移行にかかるコストに影響します。SQL 文の変換率についても評価することをお勧めします。

クラウドネイティブなDWH

DWHはクラウドネイティブであることのメリットを最も実感しやすい領域の1つです。実際にサービスの発展は目覚ましいものがあります。

クラウド環境であることの利点をフルに生かした設計でつくられているのが米スノーフレーク（Snowflake）の「Snowflake」です。Snowflakeはクラウドサービス上でのみ動作するサービスで、AWS、Azure、Google Cloudの上で動作します。これらのクラウド事業者各社のサービスではなく、スノーフレーク自身がインフラを持っているわけではありません。パブリッククラウド上で動作するSaaS（Software as a Service）という形態です。第2章でその革新性やアーキテクチャーを説明します。

既存のDWHもクラウド上で進化しています。オラクルの「Oracle Exadata」をクラウド対応させたサービスが、OCI上のサービスの1つである「Oracle Exadata CloudService 」です。クラスターを構成する複数ノードで同時に異なる更新処理ができる「Oracle RAC（Oracle Real Application Clusters）」がそのまま利用できるため、高い拡張性と可用性が得られます。

加えてクラウドならではの自動化が施されています。Oracle Exadataはオンプレミスで多く利用されており、クラウド移行が容易になるように考えられています。ユーザーマネージドという他にないコンセプトがその1つです。第2章ではクラウドにフィットさせつつ移行性にどう配慮されているのかを説明します。

データカタログ

データカタログは、組織内にどのようなデータがあるのかを、ビジネスの用語で説明、検索できるようにしたものです。データカタログの利用シーンとしては、

①データ活用に使えるデータがあるかどうかを探索する
②データ活用のテーマが決まっており組織内のどこにあるのかを探す

といったデータ活用の比較的初期段階のニーズに応えるものです。データ活用を促進する効果があります。データカタログとしてこれまで主流で使われてきたは米インフォマティカ（Informatica）の「Informatica」や米タレンド（Talend）の「Talend」などの高額な商用製品でした。クラウドでは、「AWS Lake Formation」「Azure Purview」といったクラウドネイティブなサービスが登場しています。

データカタログがクラウドネイティブになると、クラウド上のデータソースから情報を自動収集できるメリットがあります。

クラウドネイティブなデータ連係

データ連係もクラウドネイティブにするメリットが大きな領域です。データ連係を実現するには、データソースからのデータ抽出（Extract）、変換（Transform）、連係先への書き出し（Load）の機能が必要になります。頭文字をとってETLと呼びます。加えて一連のデータ連係処理を依存関係のあるワークフローとして定義し、実行管理できることも求められます。

データ連係には利用する製品を共通化したいといったニーズが比較的強くあります。パブリッククラウドを複数利用するマルチクラウドが一般的になりつつあり、オンプレミスが適している用途にはオンプレミスも利用されます。プラットフォーム間でのデータ連係もあるため、データ連係製品は共通化したいと考えるのが自然だからです。

オンプレミスを中心に利用し、既に社内で標準的に使っている製品がある場合は、クラウドでも同じ製品を使うのも現実的な選択肢です。国内では日立製作所の「JP1」や富士通の「Systemwalker」が一般的に使われることが多く、クラウドにも対応しています。

こういった製品はサーバーにインストールして利用するスタイルであるため、クラウド上では仮想サーバーを用意して導入する形態になります。使い慣れた製品を使い続けられるという利点はあるものの、現在のトレンドであるサーバーレスにはできません。仮想サーバーとデータ連係製品の運用負担はこれまで通りかかり続けることになります。

以下ではパブリッククラウドで利用できるクラウドネイティブなデータ連係方法を紹介します。データ連係と一口に言っても複雑さや使い勝手のニーズは多様であり、パブリッククラウドでも多様な実装方式が用意されています。

AWSの各種連係サービス、

AWSを例に挙げると、次のようなものがあります。

①AWS Database Migration Service（AWS DMS）

データベースサービス間でのデータ加工を伴わないデータ連係を実現します。データ加工を伴わない場合、AWS DMSさえ利用せず設定のみで自動連係する、ETLレスの機能実装が進みつつあります。ETLレスについては後述します。

②AWS Glue

シンプルなデータ加工、連係処理を実行するのに向いています。

③Step Function

複雑な順序性や実行条件のあるデータ加工、連係ジョブを、画面上でマウス操作によってワークフローとして定義できます。コードの実行は「AWS Lambda」という比較的軽量な処理を実行するサービスを呼び出す組み合わせが多くなります。

④Amazon Managed Workflows for Apache Airflow（Amazon MWAA）

複雑なデータ加工、連係処理から成るワークフローを作成、実行できます。オープンソースソフトウエアであるApache Airflowをサービス化しているのが特徴です。

それぞれフィットする場面が異なります。選定のポイントを挙げると、1つはデータ加工、連係の複雑さです。データ基盤の成長段階で求められるデータ連係ジョブやワークフローの複雑さを基準として選びます。

もう1つは利用者のスキルレベルです。非エンジニアだがITリテラシーは高いメンバーがワークフロー管理をするといった場合は画面操作で設定、状態確認できるStep Functionが受け入れられやすいでしょう。複雑なワークフローを実行できるサービスほど学習コストが高くなる傾向があります。

Apache Airflowをベースにしたもの以外のデータ連係サービスは、クラウド事業者各社が開発した独自サービスであるものがほとんどで、パブリッククラウド間でノウハウの共通化がしにくい面があります。以前から存在するクラウド環境に依存しない製品を使うのも選択肢です。クラウドネイティブなデータ連係基盤にすることのメリットと比較検討して選びましょう。

エンジニアと相性の良いApache Airflow

以下ではApache Airflowとそのクラウドネイティブなサービスについて深堀りします。主要パブリッククラウドでPaaS（プラットフォーム・アズ・ア・サービス）となっており、オンプレミスでも利用できるデータ連係製品がApache Airflowです。

パブリッククラウド上ではサーバーレスのサービスとして利用できるため、基盤の運用から解放されます。オープンソースソフトウエアであるためライセンス料がかからないのも魅力です。パブリッククラウド環境を主体で利用する場合に、標準的なデータ連係ツールとして選定する際の有力な候補となり得ます。

Apache Airflowが以前からある製品と大きく異なるのは、ワークフローやデータ連係処理をPythonで記述する点です。データ処理を記述するエンジニアにとってはシンプルで明確なコードでワークフローの依存関係を定義できるため、習得しやすく相性が良いと言えます。

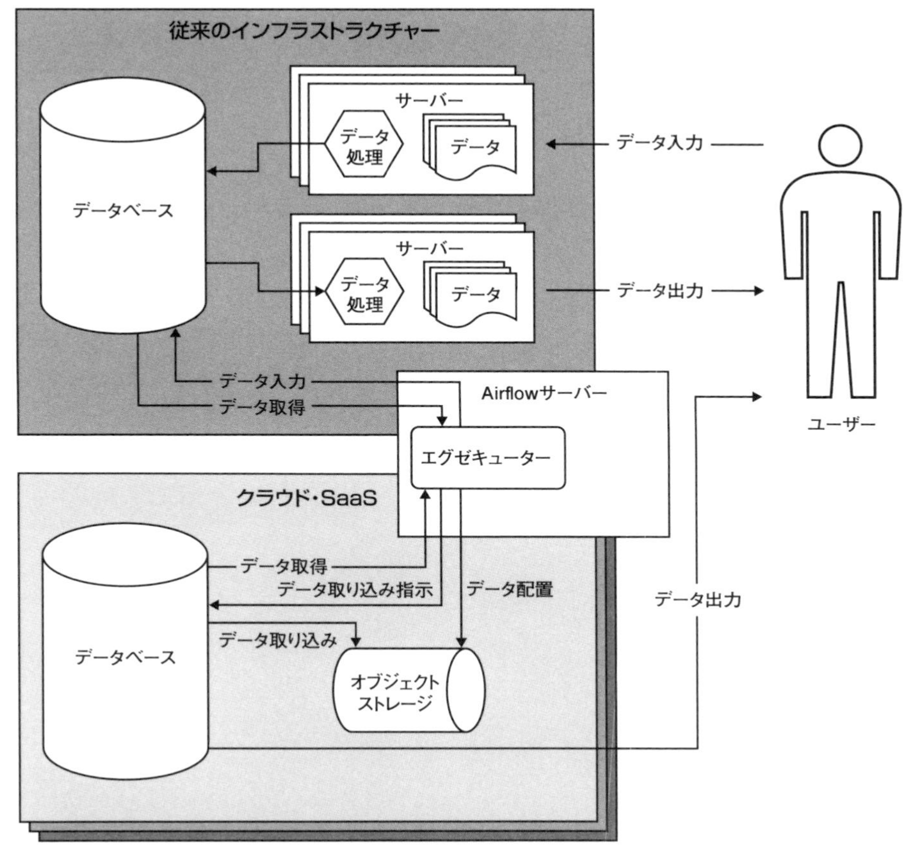

図5 Apache Airflowを用いたシステム統合の概要

Gitにも対応しており、データ連係処理をバージョン管理、変更管理するのが容易です。コードに強いエンジニアがデータ連係を作成、管理する体制になっているとフィットしやすいでしょう。非エンジニアや、エンジニアであってもインフラ層を得意としてコードが苦手な担当者がGUI（グラフィカルユーザーインターフェース）の操作でデータ連係を管理したいというニーズが強い場合は、他のサービスや製品の方がフィットする可能性が高くなります。

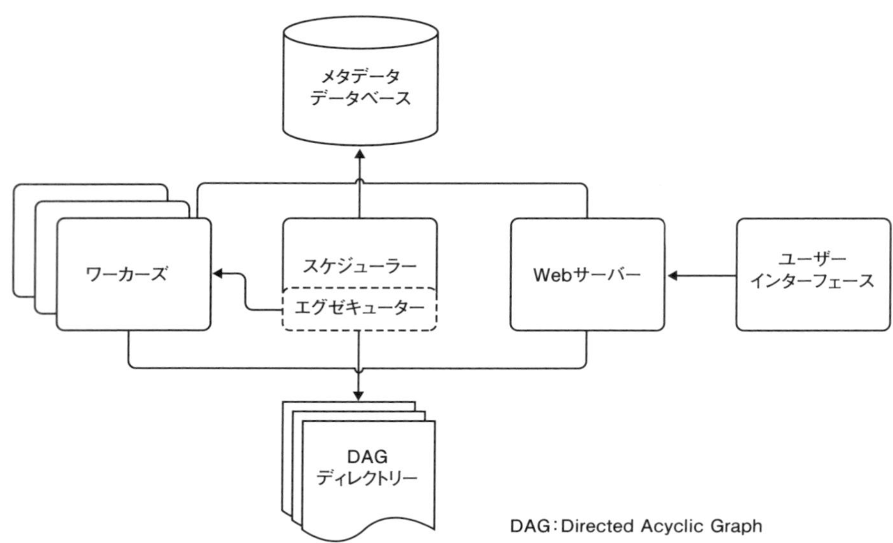

図6 Apache Airflowのアーキテクチャー

Apache Airflow の構造

Apache Airflow のアーキテクチャーは５つのコンポーネントから成り立っています。

データ連係処理を実行する際に中心となるのが「エグゼキューター」と「スケジューラー」です。エグゼキューターはタスクと呼ぶ単位で作成されたデータ処理の実行を担うコンポーネントです。エグゼキューターはそれらを複数のワーカーと呼ぶ単位に割り当てて実行管理します。スケジューラーは一連のワークフローとして定義されたデータ処理全体をスケジュール管理し、エグゼキューターに実行指示する役割を担います。

エグゼキューターとスケジューラーが実行するタスクやワークフローの定義は DAG と呼ぶファイルに記述されています。DAG を保持するのが「DAG ディレクトリー」です。Apache Airflow でワークフローの実行状態を確認するために

オペレーター

- 定義済みのタスク（AWSの操作やBashスクリプトの実行など）を担う

センサー

- 特定タスク（ファイル書き込みの終了など）の終了まで処理を停止する

ユーザー定義関数

- 不定形やワークフロー内でのみ使用するようなPython言語で定義された関数

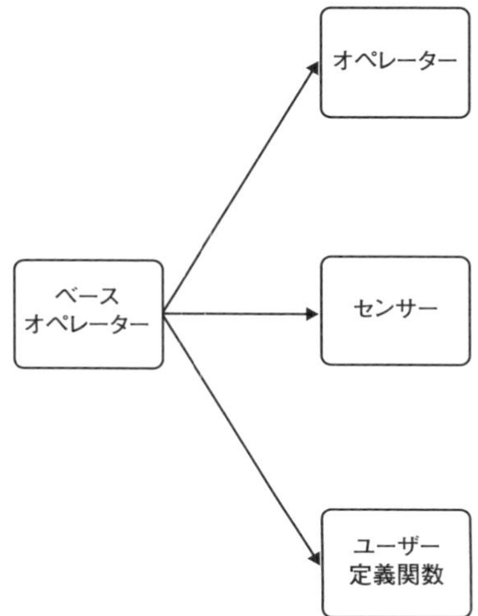

図7 ワークフローを構成するタスクの種類

使うコンポーネントが「Webサーバー」です。ここで言うWebサーバーは管理画面を指し、ワークフローの実行状態やエラーの情報を確認できます。

タスクやワークフローの実行状態のデータを格納するコンポーネントが「メタデータデータベース」です。利用者の作業としては、タスクとワークフローの定義を作成して、Webサーバーで実行結果やエラー情報を確認します。

タスクの多様性

タスクとワークフローの関係について、もう少し詳しく見ていきます。タスクには、「オペレーター」「センサー」「ユーザー定義関数（タスクフロー）」の3種類があります。

オペレーターはAirflowであらかじめ用意されているテンプレートです。Python関数実行、シェル実行など頻繁に作成されるデータ処理のパターンに対応した様々な種類のテンプレートがあります。オペレーターを使うことでデータ処理開発の生産性を上げられます。

センサーは、ファイルの書き込みやメッセージの受信といった外部イベントを待機するタスクです。外部イベントをトリガーとしてワークフローを実行、制御するために利用します。ユーザー定義関数(タスクフロー)は、利用者がテンプレートからではなく、独自の処理を実行したい場合に作成するものです。

Airflow の強みと弱み

前述の通り、エンジニアとの相性が良いこと、オープンソースソフトウエアでライセンス料がかからないこと、パブリッククラウド環境で PaaS のサービスとなっていることが利点です。オープンソースソフトウエアのワークフローエンジンとしては最も普及しており、エンジニアリングリソース確保のしやすさでも有利です。

弱みはストリーミングデータの処理が苦手なことです。リアルタイム性のあるデータ処理を実行する際は、他の製品やサービスの方がフィットします。Airflow は多様なタスクを定義してワークフローを作成できる柔軟性を持ちます。リアルタイムなデータ処理についても、他のサービスで実行させるタスクを定義して、Airflow でワークフロー管理できます。多様なデータ処理を異なる実行基盤で処理させて、全体のワークフロー管理を Airflow が担うという拡張性のあるアーキテクチャーを採れます。統合ワークフローを管理ツールとして期待できるのも Airflow の強みです。

半面、簡易なデータ連係処理だけでワークフロー管理が不要な場合はオーバースペックになります。複雑なワークフローを定義できるように用意されている機能の理解や、使い分けを検討するオーバーヘッドがかかってしまうからです。目的に応じて選択します。

クラウドネイティブなApache Airflowサービス

Apache Airflow をベースとした PaaS が主要パブリッククラウドで利用できます。Google Cloud の「Cloud Composer」、前述した AWS の Amazon Managed Workflows for Apache Airflow（MWAA)、「Azure Data Factory ※」がそれに

当たります。（※ Azure Data Factoryは2023年2月時点でパブリックプレビューの段階であり、商用利用はできません）

PaaSとして利用できることによって、データ連係処理をクラウドネイティブにできます。データ連係処理の数が多く、複雑になるほど、消費するリソースが大きく変動していきます。データ処理の配置やキャパシティー管理に手間がかかります。リソースや基盤のことを考えずに済むクラウドネイティブなサービスは、データ連係の管理コストを大きく下げることが期待できます。

Google CloudのCloud Composer

クラウドネイティブなApache Airflowサービスはどのように基盤管理を効率化しているのか、Google CloudのCloud Composerを例に説明します。

Cloud Composerは、タスクの実行を担う基盤として「Kubernetes」をベースにつくられているPaaS「Google Kubernetes Engine（GKE）」を利用しています。Kubernetesはコンテナと呼ぶコンピューティングリソースを仮想化して利用できるようにする技術のデファクトスタンダードになっている製品です。KubernetesをGoogle Cloud上でPaaSのサービスとして提供しているのがGKEです。

GKEを使うことによって、コンピューティングリソースの割り当てや解放を意識する必要がなく、コンピューティングリソースを使った分だけ利用料金を支払えばよいことになります。タスク、ワークフローの定義、状態などを保持するストレージやデータベースについても同様です。

同じくGoogle CloudでPaaSとして提供されているCloud Storage、Cloud SQLを格納先に利用しているため、領域管理をすることなく使った分だけが課金される仕組みです。Cloud ComposerのバックエンドのI仕組みとしてGKEやCloud Storage、Cloud SQLが使われていると説明しましたが、あくまでサービスの内部で使われており、利用者が直接Cloud Composer以外のサービスを作成、管理する必要はありません。

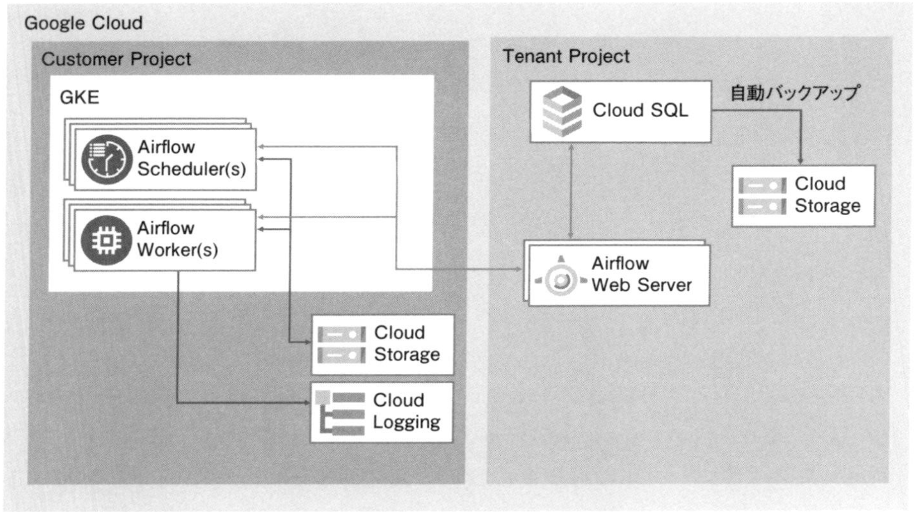

GKE：Google Kubernetes Engine

図8 Cloud Composerのアーキテクチャー

クラウドサービスになっていると、クラウド上の他のサービスとの連係機能が利用できるメリットもあります。その１つがログ管理です。Cloud Composer は Google Cloud の「Cloud Logging」と統合しており、データ連係のログを Cloud Logging で確認できます。Cloud Logging は Google Cloud で一元的なログ管理をするためのサービスであり、関連するログと合わせてワンストップで確認できるメリットがあります。Google Cloud 環境でデータ連係の開発、運用業務の生産性を高める可能性があります。

AWS で提供される MWAA

AWS では、Apache Airflow のクラウドネイティブなサービスとして Amazon Managed Workflows for Apache Airflow（MWAA）を提供しています。

Google Cloud の Cloud Composer と同じ特徴があります。MWAA の場合はコ

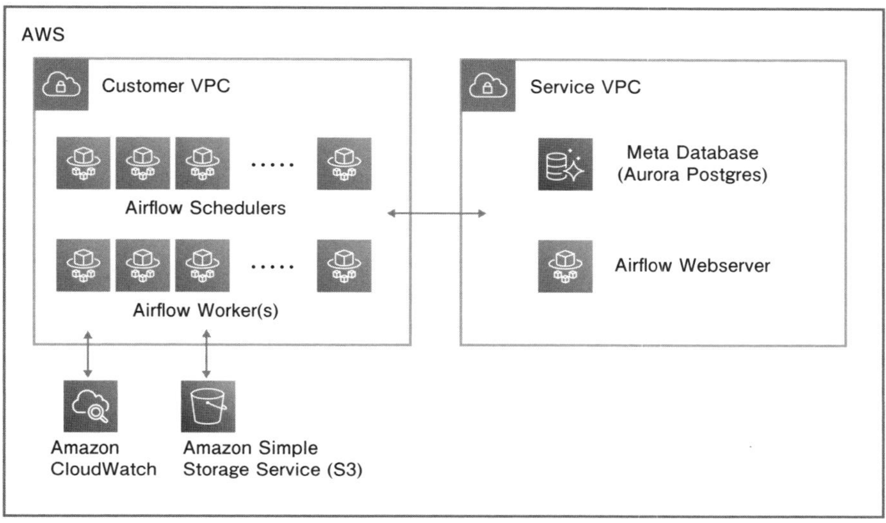

AWS：Amazon Web Services　VPC：Virtual Private Cloud

図9 Amazon Managed Workflows for Apache Airflow（MWAA）のアーキテクチャー

ンテナのサービスとして「AWS Fargate」、オブジェクトストレージとしてAmazon S3、データベースとして「Aurora PostgreSQL」を利用します。

いずれもCloud Composerと同じ利点があり、大きな差異はありません。ログの収集についても同様で、「Amazon CloudWatch Logs」というログ収集サービスで一元管理されます。MWAAではAWSが提供するセキュリティー機能の利点を享受できます。権限管理のサービス「AWS Identity and Access Management（IAM）」によって、他のAWSサービスに対してアクセスを管理できます。

クラウドネイティブなサービスとなっていることで、Apache Airflowが持つ管理性や拡張性が強化され、より魅力のある選択肢となっています。デメリットがあるとすると、こうした利点を強化するために内部でコンテナやストレージと

Cloud Composer(Google Cloud)

- 柔軟な処理を実装できる
- Google Cloudの各サービスと柔軟な統合ができる

Amazon Managed Workflows for Apache Airflow(AWS)

- サーバレスで運用を簡略化できる。
- AWSのIAM/Policyを用いたセキュアな統合を実装できる

図10 マネージドサービスのメリット

いった多くのサービスを利用するため、相応のコストがかかる点です。コストについては利用方法次第です。自社で想定される使い方でどの程度の料金がかかるのかをシミュレーションして、他の実装方式と比較検討することをお勧めします。

ETLレスとアプリケーション連係

データを蓄積しているサービスからデータを利用するサービスにデータを移動するには、ETLの製品やサービスを利用するのが常識でした。しかしパブリッククラウドではこの概念を変えるサービスが登場してきています。ETLレスとアプリケーション連係です。

ETLレスというのは、データ連係処理自体を不要にする画期的な仕組みです。実装されている代表例が、AWSのS3とDWHのサービスである「Amazon Redshift」です。Redshiftに事前にスキーマを定義し、データを入れるためのCOPYコマンドを設定しておくと、それ以降特定のS3領域に入ってきたオブジェクト内のデータが自動コピーされるようになります。同じフォーマットのデータを繰り返し追加する場合に、設定のみで自動的にデータ連係が実行されます。ETLの仕組みを自分でつくる必要がなく簡易に継続的なデータ連係を実装できます。

注意点としては、単純なデータの取り込みに対応していてデータの変換はできないこと、エラー通知の仕組みがないことが挙げられます。実行状況はRedshiftのビューにセットされるため、エラーハンドリングや確認が必要な場合はビューを参照することになります。

シンプルなデータ連係を簡易に実装したい場合に特に向きます。複雑なワークフロー管理やエラーハンドリングが求められない利用ケース、検証や一時的な試験のために多数のファイルに分かれたデータを効率よく投入したい場合などにメリットが大きいでしょう。

一方、アプリケーション間でデータ連係するサービスが登場してきています。データ基盤とアプリケーション基盤にまたがる機能を備えたサービスで、アプリケーションでのデータのハンドリングや検索を効率よく実行できるようになります。

「アプリケーション統合」といったコンセプトで、アプリケーション間でのデータのやり取りを効率よく実行するのが「Oracle Integration Cloud Service」です。これまで紹介したデータ連係と異なるのは、データ連係がデータ基盤間での連係だったのに対して、アプリケーション間での連係である点です。

データ基盤にデータを置くことなく、アプリケーションやAPI（アプリケーション・プログラミング・インターフェース）同士での情報のやり取りを介在します。2-4ではOracle Integration Cloud Serviceを取り上げてアプリケーション統合のメリットとアーキテクチャー、利用方式を説明します。

2-2　データカタログ

4つの要件で欲しいデータを探す
活用に不可欠なデータカタログ

DXを進める上でデータを経営資産として管理·活用することが重要になる。データには様々な種類や形式がありデータベースなどに分散して保存されている。「欲しいデータを探す仕組み」であるデータカタログの構築が欠かせない。

データを活用したデジタルトランスフォーメーション（DX）を考えようにも、そもそも組織内にどのようなデータがあるのかを十分に把握できておらず、活用のアイデアを出す段階でつまずくことがあります。このようなときに役に立つのがデータカタログです。

データカタログとは、データの所在、データ内容に関する説明、作成日時など、データについての情報を蓄積して、容易に検索できるようにしているシステムのことです。

データを分析する際、アイデアや仮説を思いつく探索型分析を経て、仮説検証型分析を実行します。データカタログは、探索型分析の段階のうちのデータそのものを探索する段階で主に利用します。仮説検証型分析の段階でも、分析に利用できるデータがどこにあるかを探す目的で利用されます。

データカタログが必要になった背景には、デジタル化の進展があります。組織内で蓄積されるデータの種類やシステムの数が多くなっており、データについて情報の一元管理が難しくなってきているのです。

データカタログ選択の4要件

どのデータカタログ製品が適しているかを選ぶにあたって重要な要件が4つあります。

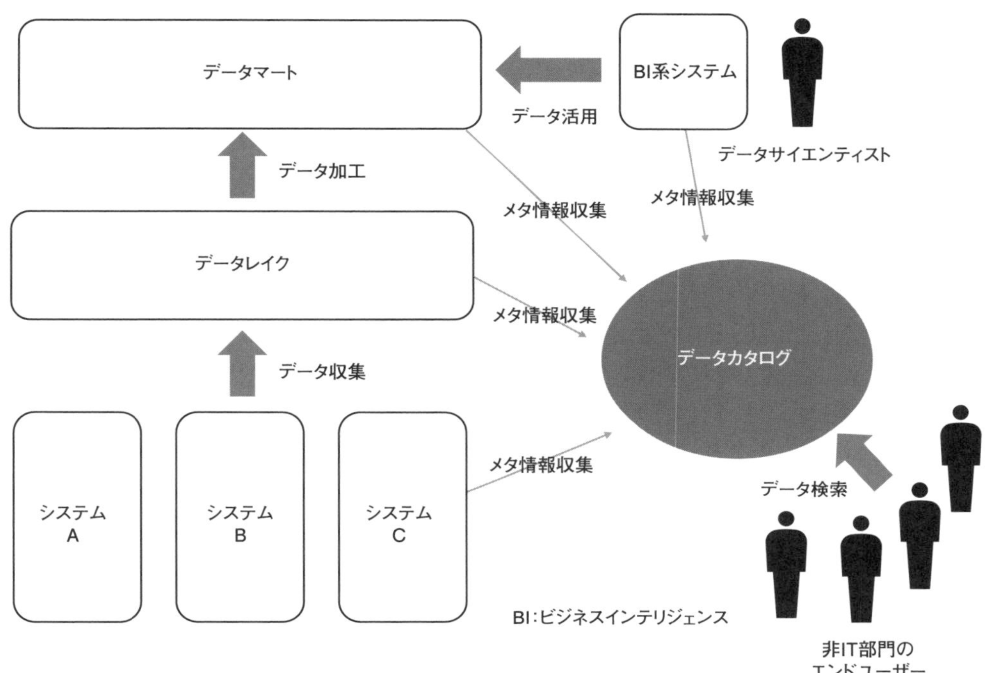

図1 データカタログの概要

1つめの最も基本的な要件は「ビジネス用語を利用できること」です。ビジネス用語とは組織内で普段使われている用語のことです。IT部門ではシステムが処理しやすいように一定のルールの下、記号化された名称でデータを識別しています。ビジネスパーソンが普段使っている用語とは異なるため、非エンジニアにとって理解しにくい側面があります。

データの名称とビジネス用語をひも付けて、ビジネス用語で検索できるようにするのがデータカタログの基本機能の1つです。ビジネス用語が充実するほどデータカタログは使いやすくなります。単純な名称だけではなく、説明文や想定用途といったデータ活用のヒントになる情報を入れられるとより良いでしょう。

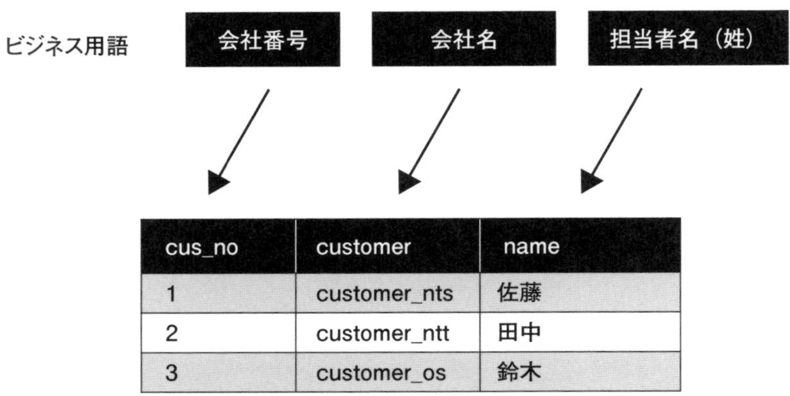

cus_no	customer	name
1	customer_nts	佐藤
2	customer_ntt	田中
3	customer_os	鈴木

図2 ビジネス用語との対応をデータカタログ上でひも付けた例

データにビジネス用語がひも付いている状態にするには、データについて理解している人が適切なビジネス用語を登録します。そして、ビジネス用語の管理・運用について組織内で可能かどうかを確認します。

２つめは「使い勝手」です。これは利用者の主観によるため、想定される主な利用者に試用してもらい、評価を得ます。データサイエンティストなどのパワーユーザーを中心に使うのか、一般社員に広く使ってもらうのかによって適した製品は変わります。

パワーユーザーであれば機能性を、一般社員であれば基本的な機能が直感的に使いやすい点が重視されます。クラウドネイティブなデータカタログのサービスは現時点ではエンジニアに親和性があるUI（ユーザーインターフェース）となっています。

パブリッククラウドのコンソールに組み込まれており、それと統一感を持たせた画面デザインになっています。これまではビジネス用語よりもデータ基盤に実装されているメタデータ（テクニカルメタデータ）の収集・管理にやや重きを置かれているためだと考えられます。

3つめは「対応するデータソース」です。データカタログには、データ基盤に接続してデータのファイル名や型といったデータに関する情報（メタデータ）を自動収集する機能を備えています。

メタデータを自動収集できれば、人が登録するのはビジネス用語だけで済むようになります。製品によって対応している接続先は異なります。組織内でデータを格納している多種多様なデータベースやストレージ、SaaS（ソフトウエア・アズ・ア・サービス）に、より多く対応している製品が望ましいでしょう。

4つめは「コスト」です。データカタログは製品によってコストに大きな違いがあります。付加的な機能については必要性を検討してから製品選ぶ必要があります。クラウドネイティブなサービスはコストの点では優位です。

データ活用を全社的に進める方針の場合、データカタログ製品／サービスの導入をお勧めします。データカタログ製品は数多くのベンダーが提供しています。機能が充実しているエンタープライズ向けの製品は高額です。選定に際しては自社で必須とするユースケースや機能要件、非機能要件を洗い出し、利用者であるエンドユーザーの使い勝手も含めて検証してから決めることになります。

クラウドネイティブなサービスは進歩が速く、データカタログの新サービスが続けて出てきています。自社によりフィットするサービスや新機能が出てくる可能性もあるため、利用を検討する際はその動向をウォッチすることも欠かせません。

データマネジメントのための組織が必要

データカタログの運用をIT部門だけで担当するのは困難です。事業部門が外部の業者に運用を委託しているシステムも多く存在するからです。

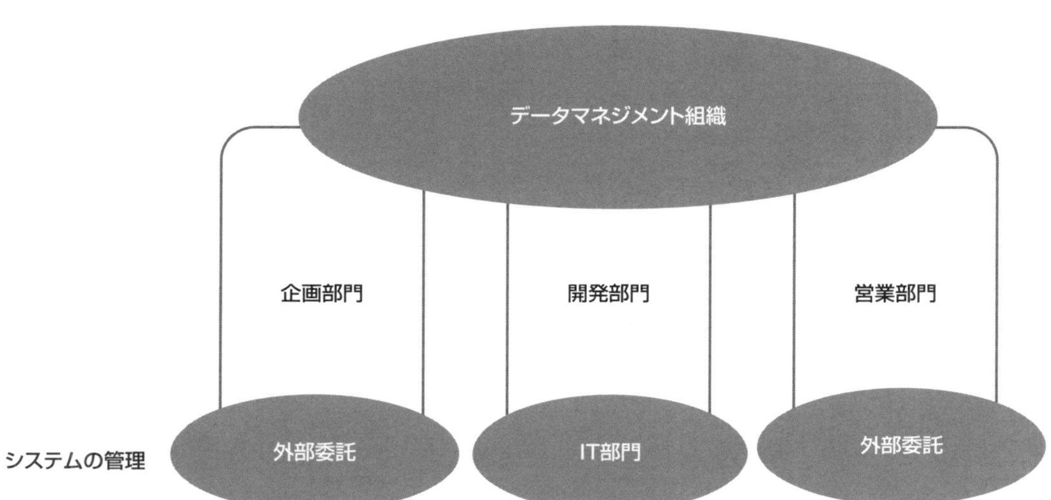

図3 データマネジメント組織の位置付け

そのため、組織全体のデータを対象にしてデータカタログを運用するには、データという軸で統制するためのデータマネジメント組織が必要となります。統制を効かせるには、データマネジメント組織自身が調整能力や支援能力を高めると同時に、トップダウンで権限を持たせた組織にする方がうまく機能します。

データマネジメント組織をつくることによって、データカタログの運用だけでなく、データ統合やデータの品質管理など多岐にわたる活動が機能しやすくなり、データ活用を進めることにつながります。

データマネジメント組織の役割

データカタログの運用で発生する業務を実行する、データマネジメント組織内の役割について具体的に掘り下げていきます。

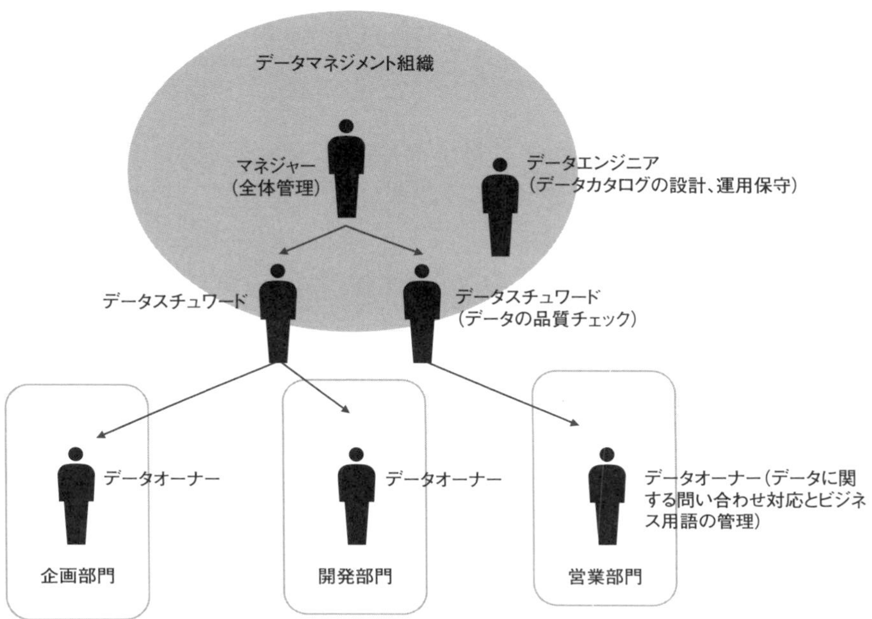

図4 データマネジメント組織のメンバー

マネジャー

まずマネジャーです。負担になるのは他部署との調整になります。データのオーナーは組織内の事業部、マーケティング部などに分かれています。導入して運用が軌道に乗るまではコミュニケーションに多くの労力が割かれる可能性が高いでしょう。外部データを利用したり、外部にデータ提供したりする際には対外的な調整の役割も担います。その他、データマネジメント組織の管理、プロジェクト管理の業務を実行します。

データエンジニア

次にデータエンジニア（もしくはデータベースエンジニア）です。基盤としてのデータカタログの導入、運用業務を担当します。データカタログを検討する工程では、データソースへの接続性や非機能面を評価します。接続先が多くなる場合は折衝する部門やプロジェクトが多くなり、調整の手間がかかる可能性があります。

データ基盤を構成するデータベースはデータウエアハウス（DWH）、ストレージについてのスキルが必要です。メタデータの収集先が複数のクラウドやオンプレミスになる場合はデータカタログのアーキテクチャーも複雑になりやすく難度が上がります。

データカタログの構築のような製品に特化した業務は外部に委託しても問題なく、一方で業務知識と社内サポートが求められるデータの管理については内製した方がよいでしょう。

データスチュワード

データスチュワードの役割がデータマネジメント組織で最も重要です。データエンジニアがデータ基盤に責任を持つのに対して、データスチュワードはデータそのものに責任を持ちます。データの品質管理を担うのがデータスチュワードです。メタデータとデータが最新で正しい状態を維持し続けるようにします。

データカタログの整備で重要となる業務がビジネス用語の選択と組織内調整です。例えば「顧客」という用語は、営業部門では製品を購入した人を指し、カスタマーサポート部門では製品を利用している人を指します。そのため必ずしも同一人物ではない可能性があります。このような場合は「購入顧客」「利用顧客」に分けて区別するといった対応をします。

意味を取り違えず、正しいデータ活用ができるように部門間でのビジネス用語を調整する大切な役割になります。データそのものについても同じことがいえます。データが生成されて削除されるまで、間違った状態で放置されたり異なる状態のデータが同時に存在するといった不具合を少なくするには負担がかかります。活用する価値を持つデータは一部です。重要なマスターデータや、活用することでの想定される効果の大きなデータを優先するとよいでしょう。

データオーナー

データオーナーは、データの所有者です。データを生み出したり、更新したりする事業部門が該当します。データオーナーは、データスチュワードと協力してビジネス用語を決めていきます。

データカタログを見てデータを活用したいと考えた担当者から、データの内容についての質問が来ることもあります。問い合わせに回答したり、データに関する説明内容を充実させたりする作業が求められます。

データ活用の受益者とデータオーナーが異なる部門になることがあります。データオーナーの中にはこういった作業に不慣れで、対応が難しい場合もあります。問題解決を支援するのもデータマネジメント組織の役割です。

自社に合った組織形態にする

データカタログで最初からすべてのデータを網羅するのは困難です。それぞれの役割の担当者が業務を覚えながらメタデータを管理しなければならないからです。

幸いなことにデータカタログはすべてのデータが正しくそろっていないと意味がない、というソリューションではありません。データ活用ではPoC（概念実証）から小さく始めることが多いでしょう。限られた範囲から段階的に進めていくのが現実的です。

2-3　Lake Formation と Purview

データカタログの代表的機能を提供 Lake FormationとPurview

データカタログをつくるための製品・サービスは多岐に渡り、機能にも差がある。スモールスタートが可能で、データカタログの代表的な機能を備えるクラウドサービスとして「AWS Lake Formation」と「Microsoft Purview」が挙げられる。

組織内でデータの活用を進めるには、どのようなデータが存在するのかを分かる状態にしなければなりません。データカタログは組織内のデータセットの情報を登録し、検索できるようにしたシステムです。データカタログの存在は、データを活用したいと考えている利用者にデータセットの所在や特徴を的確に伝えられることになり、データ活用のアイデアを生み出すきっかけにもなります。

データカタログを作成するための製品・サービスは数多く、提供される機能群には差があります。製品・サービスの価格は幅広く、数千万円以上するエンタープライズ向けから、月額数千円で利用できるクラウドサービスまで存在します。ここではスモールスタートが可能で、データカタログの代表的な機能を備える間口の広いクラウドサービスとして、米アマゾン・ウェブ・サービス（Amazon Web Services、AWS）の「AWS Lake Formation」と米マイクロソフト（Microsoft）の「Microsoft Purview」について解説します。

付加機能に違いがある

データカタログに求められる基本的な機能としてはメタデータの自動収集、ビジネス用語の登録や検索が挙げられます。付加機能としては、データ追跡やインポート／エクスポートなどがあります。付加機能とは、必須ではないがユーザーニーズによっては利用要件として必要になる可能性がある追加機能といった意味合いです。Lake Formation と Purview を比較すると付加機能に違いがあります。

表1 表 データカタログ製品の比較

		AWS Lake Formation	Microsoft Purview	商用製品A
基本機能	メタデータ自動収集	AWS環境内の10種類(※)のデータソースと、JDBC接続に対応	Azure環境内外の主要データソース51種類(※)に対応	100種類以上(※)のデータソースに対応
	ビジネス用語登録、検索	対応 ※タグのみに限られる	対応 ※類義語などでの検索が可能	対応 ※類義語、語幹などでの検索が可能
追加機能	データ追跡(リネージ)	未対応	対応	対応
	インポート/エクスポート	未対応	対応	対応
	データ連係/閲覧/分析	対応 ※クレンジング・変換可	未対応	対応 ※クレンジング・変換可
	メタデータアクセス権限管理	対応	未対応	対応
	コラボレーション	未対応	未対応	対応
価格		数万円～/年	数万円～/年	数千万円～/年

AWS:Amazon Web Services　JDBC:Java Database Connectivity　※2022年8月5日現在

メタデータ収集、検索機能

データカタログで最も基本となる機能です。ほとんどの製品がデータベースなどから、メタデータ（データの名称、型、桁などのデータに関する情報）を自動収集する機能を備えています。自社で利用している環境に対応していることが確認のポイントです。高機能な商用製品では非常に多くのデータソースからの収集に対応しています。

ビジネス用語登録、検索機能

メタデータはエンジニアが厳密に判別できるような用語や文字列になっていることが多く、非エンジニアが見ても理解できない文字列で名称が定義されているものがあります。メタデータだけでデータカタログを運用するのは利便性が高いとは言えません。

多くの組織では、一般ユーザー（非エンジニア）とエンジニアの両方がデータカタログの利用者となります。非エンジニアは普段使い慣れているビジネス用語で検索したいというニーズがあります。データカタログ製品の多くはビジネス用語の登録と検索機能を備えています。製品・サービスによってタグだけの登録なのか、用語間の関連性も定義できるのかといった違いがあります。関連性が定義できれば類似する用語で検索結果が得られるといった利点があります。

データ追跡（リネージ）

データ間の関連性を定義することでデータの生成元を追跡できる機能です。あるデータセットから、マスターデータがどれなのかを追跡するといった用途に使えます。元データの最新の状態を確認するなどといった作業が容易になる効果があります。

メタデータのインポート／エクスポート

データカタログは、機能やインターフェースなどが標準化されている技術領域ではありません。新しい製品カテゴリーであり、デファクトスタンダードも存在しません。将来的な移行性を確保しておく意味で、ロックインされないように注意したいところです。収集したメタデータのエクスポート機能があれば、利用に際して安心感が増します。

データ連係／閲覧／分析

実際にデータの一部を取得して確認、分析できる機能です。どのようなデータが入っているのかをその場で確認できると、データ確認作業の効率が上がります。ただし、個人情報や機密情報が入っているなどの理由で、セキュリティー管理面からデータを見ることができないほうがよいとする組織もあります。

コラボレーション

利用者のコメントや「いいね！」といった情報を入れられます。頻繁に使われるデータは偏るのが一般的です。この機能によって利用価値の高いデータを探しやすくする利点があります。ただし、コラボレーション機能を使いこなせるのはかなりデータ活用が進んでいる組織になります。データ活用の成熟度が高くなってから必要性を検討する機能です。

データカタログ製品は、以前は機能の限られたオープンソース製品、あるいは高機能・高価な商用製品に2極化していました。現在は基本機能のみであればクラウドサービスで十分実用性があり、低価格な製品・サービスが登場してきたことで選択肢が広がっています。製品の調査を始める前に、自社で不可欠と考えられる機能は何かを検討してから、選ぶとよいでしょう。

そうした中、デジタルトランスフォーメーション（DX）の進展に伴い、組織内のデータをクラウドに集めて活用する流れが出てきています。データカタログがオンプレミスではなく、クラウド上に存在するとしても多くの組織にとって違和感はないでしょう。クラウド上の代表的なデータカタログ製品がLake Formation と Purview です。

AWS環境内にデータレイクを構築

Lake Formation は AWS 環境内にデータレイクを構築し、管理するためのサービスです。Lake Formation はデータレイクとなるストレージ環境のセットアップ、データの収集、クレンジング、アクセス管理といった機能を内包しており、その1つとしてデータカタログ機能を含んでます。

データカタログの中心的な機能を提供するのが「AWS Glue」です。Lake Formation は Glue を包含しつつ拡張したサービスです。Lake Formation の特徴は、Glue、「Amazon Athena」「Amazon Redshift」「Amazon EMR」といった他の AWS サービスとの連係機能を備えておりメタデータやアクセス管理機構を共有できる点です。

マネージドサービスであり、基盤の運用は自動化されています。パッチの適用などトラブルシューティングに工数を割く必要はありません。Lake Formation には AWS 環境内にデータレイクを構築し、データカタログを利用する場面で最も効果を発揮します。

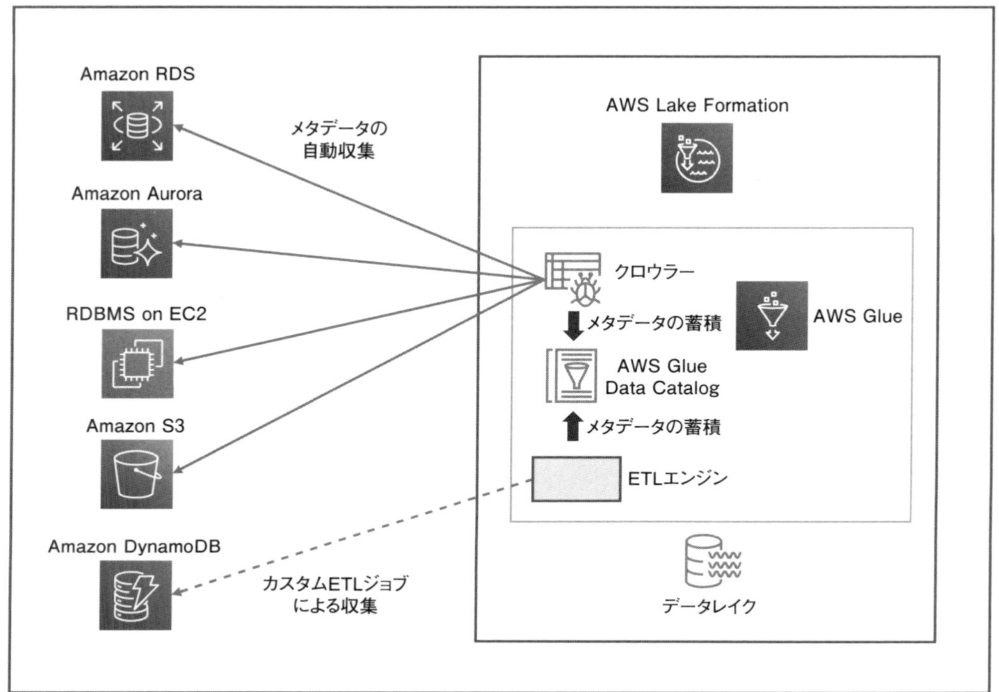

AWS：Amazon Web Services　ETL：Extract、Transform、Load

図1 AWS Lake Formationの構成

Lake Formation はメタデータの自動収集と検索に対応しています。AWS 環境内の「Amazon RDS 」「Amazon EC2」上の主要な RDBMS（リレーショナルデータベース管理システム）、ストレージである「Amazon S3」および AWS 環境外の JDBC（Java Database Connectivity）接続に対応するデータソースからメタデータを自動収集できます。

これら以外のデータソースからメタデータとデータを収集するには、Glue のカスタム ETL（抽出・変換・書き出し）ジョブを使います。Glue には ETL エンジンとスケジューラーが用意されており、ユーザーがプログラムを作成・登録することでジョブを実行できます。

検索機能は簡易なものが提供されています。データの分類(CSVなど)、メタデータ内のキーワード、タグで検索できます。タグとは、キーと値のセットで構成される、データの特徴や識別を表す情報です。タグは利用者が登録します。データに対して的確なタグを付けることで検索精度を上げられます。

ただし、ビジネス用語集を辞書のように管理することはできず、タグの説明文の登録もできません。辞書として管理できると一覧性がありビジネス用語の管理をしやすくなります。説明文があると、ビジネス用語を見る利用者にとって、より分かりやすいものになります。いずれもカタログとして利便性を高める要素です。

タグには、AWS環境内のサービスやプログラムがデータを識別する用途もあり、人とシステムの両方が利用します。そのため、タグにはシステムやエンジニアが識別できるようにするための記号的な情報と、利用者（非エンジニア）が意味的に理解できるようにするためのビジネス用語の両方が混在することになります。混在することで利用者が検索する際にノイズが入り、検索精度が落ちる可能性があります。

操作画面はAWSのコンソールに近いつくりになっており、エンジニアに対してより適した製品といえます。　タグの情報はエクスポートおよびインポートできないため、他の製品に移行する、あるいは併用する際は手動で登録し直す必要があります。

その他の付加機能も最小限となっており、エンジニアがAWS環境内を中心として利用し、機能的な要件が少ない場合に合致したサービスです。データの取り込みとスキャンに対して従量課金されます。ボリュームが小さい場合は年間数万円から利用できます。

ベースはメタデータの収集と蓄積

Purviewはメタデータの収集と蓄積を提供する「Microsoft Purview Data Map」がベースとなり、「Microsoft Purview Data Catalog」がカタログ機能を提供する構成のサービスです。Purviewもマネージドサービスとして提供されており、基盤の運用は自動化されています。

Purviewはシェアの高いRDBMS、ストレージサービス（「Azure Blob Storage」やS3など）といった51種類のデータソースからメタデータを自動収集できます。Microsoft Azureの環境外に対しては、「セルフホステッド統合ランタイム」を経由することで、ネットワークとしては直接接続できなくてもメタデータを収集できるようになっています。

ビジネス用語の登録・検索ができ、用語集の登録、承認といったワークフローの実行を支援する機能も備えます。ビジネス用語を管理する際はデータのオーナー、データカタログの管理者、データエンジニアが役割を分担して運用していきます。

データカタログは「最初に作ってそれで終わり」といったソリューションではなく、「育てていく」ものであるため、運用を支援する機能を備える点は選定の重要なポイントになります。データの追跡、インポート／エクスポートの機能も提供しており、小さく始められるクラウドサービスとしては多機能の製品といえます。

Purviewは「データの民主化」という目的を意識して設計されており、メタデータのアクセス権限を細かく制御して閲覧範囲を制限するといった使い方ができません。エンタープライズ用途ではこの点がギャップになり得ると考えられます。対応方法としては、複数のPurviewインスタンスを作成してメタデータを分散配置する方法があります。料金はデータの取り込みとスキャンに対しての従量課金となっています。ボリュームが小さい場合は年間数万円から利用できます。

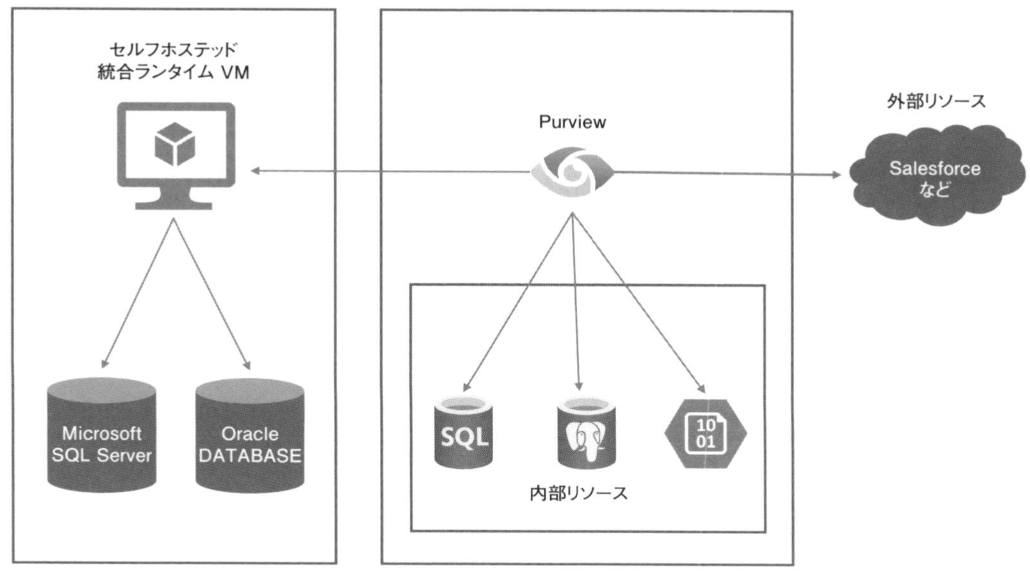

図2 Purviewが外部リソースからメタデータを収集する概要

データマネジメント業務が不可欠

データカタログが効果を発揮するには、利用を促進・定着させるためのデータマネジメント業務に力を注ぐ必要があります。主に人が関与する作業で気軽とは言えませんが、製品を使うことでどのような課題が出てきそうかを想定できることもあります。

料金が安く基本機能が充実した製品がクラウドサービスとして登場してきたことで、これまでになく手軽にデータカタログを利用できるようになりました。データカタログがどういったものかをクラウド上で試し、業務のイメージをつかむといった作業から始めてもよいでしょう。

2-4　データ連係

データ連係をローコードで実装 Oracle Integration Cloud

DXの推進には導入したシステムやサービス間のデータ連係を効率的かつ高速に実装することが欠かせない。Oracle Integration Cloud Service（OIC）はデータ連係をローコードで実装できるサービスである。

クラウドサービスは目的に応じて適したサービスを利用するという考え方がとられており、多様なサービスを組み合わせてシステムのアーキテクチャーを設計します。デジタルトランスフォーメーション（DX）にはマーケティング、データ分析、AI（人工知能）の活用など複数の施策があり、システムの数が増えることになります。サービスやシステム間でデータを連係する必要性が高まり、DXを素早く成功へと導くには、いかにデータ連係を効率的かつ高速に実装・変更できるかが重要になります。

アプリ統合サービスとしてのOIC

米オラクル（Oracle）の「Oracle Integration Cloud Service（OIC）」は、アプリケーション間のデータ連係およびアプリケーションそのものをローコードで実装できるサービスです。データの変更操作を実装したい場合はJavaScriptで記述できます。

変更しない場合はノーコードでデータ連係を実装できます。アプリケーションやSaaS（ソフトウエア・アズ・ア・サービス）、クラウド上の各種サービスに接続するためのアダプターが前もって定義されており、GUI（グラフィカル・ユーザー・インターフェース）による操作を中心にデータ連係を実装できます。

OICはオラクルのパブリック・クラウド・サービスである「Oracle Cloud Infrastructure（OCI）」上のサービスとして提供されています。オラクルが提供

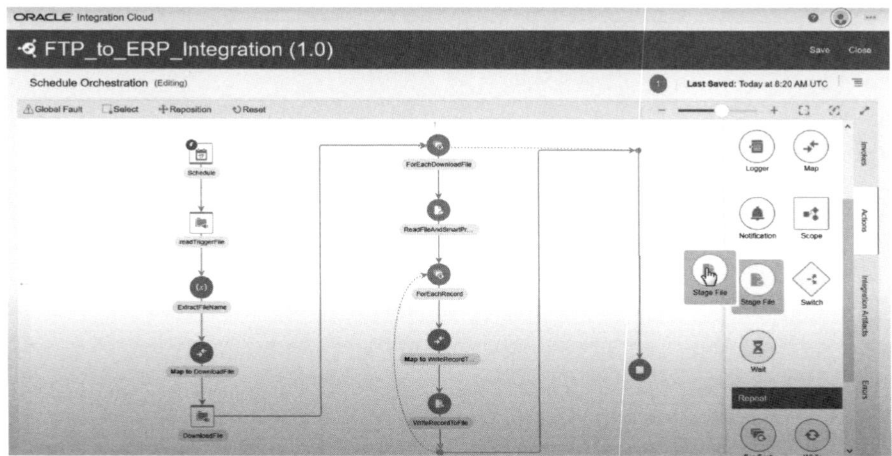

図1 OIC(Oracle Integration Cloud Service)の画面例

するSaaSやOCI内の各種サービスに加えて、主要なクラウドサービスやソフトウエアとの接続をサポートしています。

多様なフォーマットのデータだけでなく、SaaSに対応するアダプターを用意している点が特徴的です。OICをハブとすることで、アプリケーション間のデータ連係を実装する際の生産性を高められる可能性があります。データ連係と同時にアプリケーションもローコードで実装できることから「アプリケーション統合」サービスと呼ばれます。

OICの機能を利用するには、OCI上でOICインスタンスを作成します。OICはマネージドサービスになっており、ユーザーが基盤を運用する必要はありません。データ連係やアプリケーションの実装と管理に集中できます。

ファイルサーバーを内蔵しているのもOICのユニークな点です。連係対象のアプリケーションやサービスからOIC内のファイルサーバーにデータを「PUT」できます。これによりファイル連係であれば双方向でやりとりできるようになっています。内蔵されたファイルサーバーに一時的にファイルを保存してから連係先に送付することも可能です。

ただし、OICのファイルサーバーの容量は上限が500ギガバイトで拡張はできず、恒久的にファイルを蓄積する用途には向きません。連係データを蓄積・アーカイブするには、別途オブジェクトストレージかファイルサーバーのサービスを使うことになります。

Webベースで実装

OICにはWebベースでデータ連係やアプリケーションを作成するためのエディターが用意されています。ドラッグ＆ドロップでコンポーネントを組み合わせて、設定値を入れていくような操作をします。他のノーコード、ローコードの製品と同様にカスタマイズできる範囲には制限があるため、用途に合うかどうかの評価とデータ連係全体のアーキテクチャーを検討してから利用します。

OCI環境には複雑なデータの変換機能を備えたETL（抽出・変換・書き出し）ツールに当たる「Oracle Data Integration Platform Cloud Service（DIPC）」が用意されています。用途に応じて選択や組み合わせを検討するのがよいでしょう。

ローコードとはいえ、生産性を上げるには製品に慣れる必要があり、操作方法や仕様を理解するための学習コストがかかります。データ連係の実装には、組織内のデータおよびデータ構造、システム構成、JSON／CSVなどのフォーマットに対する理解も必要です。

OICサービスの初期設定にはインフラの専門知識も不可欠となります。データ連係を作成し、デバッグするにあたっては接続定義への理解も必要で、ログを解析する場面も出てきます。現場では技術知識を持つユーザーが中心となって実装を担うでしょうが、体制としてインフラエンジニアのサポートが必要になることも考慮したほうがいいでしょう。

表1 OICが用意している主なアダプター

カテゴリー	アダプター
CRM/CXアプリケーション	Oracle Siebel
	Salesforce
SaaSアプリケーション	SAP Concur
	SAP Ariba
	ServiceNow
	Workday
オンプレミスアプリケーション	Oracle Database
	Microsoft SQL Server
	MySQL
	SAP
ソーシャル	Google Calendar
	Facebook
	Twitter
テクノロジー	ファイル
	FTP
	REST
	SOAP

SaaS:ソフトウエア・アズ・ア・サービス　REST: Representational State Transfer
SOAP: Simple Object Access Protocol

データ連係ジョブ「統合」を作成

OICではデータ連係のジョブを「統合」と呼びます。実装するデータ連係ジョブの数だけ統合を作成します。1つの統合は、複数の処理を組み合わせて構成します。処理には接続、データ取得、フォーマット変換、データ挿入、ログ出力などがあり、画面上で選択して設定します。条件分岐やループも可能で、構造化されたデータ連係ジョブを作成できます。

統合に先立ち作成する必要があるのが「接続」です。OICから外部コンポーネントに対してアダプターを使って接続する処理を「接続」と呼びます。アダプターとはサービスなどと接続するためのコンポーネントで、OICでは外部のSaaSやアプリケーション、OCI内の各種サービスと接続するためのコンポーネントが70以上、事前に定義されています。これらもGUIのエディターから選択して利用できます。アダプターはユーザー定義でも作成できます。この場合はノーコードではなく、Java 言語で開発します。

接続の多くは OIC からデータ連係の対象に対して直接接続することになりますが、データベースなどの一部の連係対象に対しては仮想サーバー上にインストールされた OIC エージェント経由で接続します。エージェント経由の場合は、1回のデータ送受信で扱えるデータサイズが 10 メガバイト以内という制限があります。

1回の処理で扱うデータサイズが 10 メガバイトを超える場合は、(1) 10 メガバイト以下に小分けする、(2) 10 メガバイト以下にできない場合はオブジェクトストレージなど他の場所に置いてから別途ジョブなどで連係する―といった対応になります。簡易に実装できる OIC のメリットを生かすには、できるだけ (1) の方法を検討したほうがいいでしょう。

OIC の実行

OIC で作成した統合を実行する方法として次の3つがあります。(1) スケジュール実行、(2) REST 呼び出し、(3) 手動実行―です。

一般的なジョブ管理ツールのように、複数の統合について依存性を持たせて実行する機能を OIC は備えていません。OIC だけだと、それぞれの統合を個別にスケジュール起動する実装方法となります。ファイルサーバーへの PUT などのイベントをトリガーとしてジョブを起動することもできません。あくまでもスケジュール起動である点に注意してください。

依存関係や順序性の制御をするような複雑なジョブ管理を実現するには、別途ジョブ管理製品を用意して、統合を REST API（アプリケーション・プログラミング・インターフェース）で呼び出し、ジョブ管理製品側で OIC の統合の実行を制御します。統合はすべて REST API として実行できるようになっています。データ連係がシンプルな段階では OIC だけで運用し、後からジョブ管理ツールを導入してコントロールするようアーキテクチャーを変更することも難しくはありません。

OICでのデータ変換

OICでデータを変換・変更するコンポーネントを「ライブラリー」と呼びます。ライブラリーはフォーマットを自動で変換でき、JSON形式などのフォーマットが事前定義されています。データを任意で変更するための機能も用意されており、JavaScriptを用いてユーザー定義ができるようになっています。

データ変換・変更には制限があります。データベース上のデータと結合して変換処理をするといったことはできません。この制限について不都合がある場合は、データベースなどといったん連係してから、他の仕組みでデータを変換・変更するジョブを実行するようなアーキテクチャーとします。

データフローは様々なバリエーションが出てくるため、なかなか1つの製品でニーズを満たすことが難しい領域です。標準で利用する製品を選んだうえで、他の製品や仕組みの併用も考慮します。

DBへのデータ挿入

データベースと連係する際は、挿入先のスキーマ、テーブルを指定します。連係データとテーブルの列とのマッピングを設定する画面で、ドラッグ＆ドロップで列同士をマッピングしていきます。こうした設定を利用して、列の順序を変えたり、一部の列を除外したりできます。画面上で自動でマッピングされますので、確認したうえで変えたいところを設定していきます。

OICでのエラー処理

OICの統合では、エラー発生時の動作を定義できます。ログを取得できるコンポーネント「Logger」が用意されており、ログの取得・確認が可能です。接続やデータ投入などの主要な処理の後にLoggerを入れると、異常時の切り分けと原因の調査ができます。エラー発生時にメールで通知する設定も可能です。GUI上

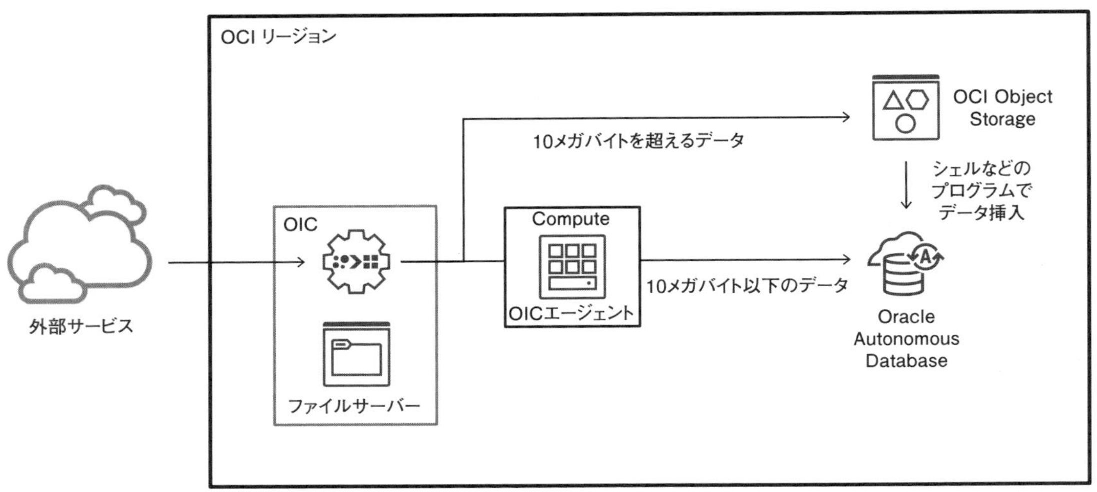

図2 OICを利用したデータ連係の構成例

で通知の有無と通知先を設定するだけです。エラー通知メールの内容も、決められた範囲内でカスタマイズ可能です。エラー発生箇所が識別できて、切り分けに役立つ情報が入るようにするとよいでしょう。統合を実行したステータスについては OIC の GUI 画面で確認できます。

OIC での開発、構成管理

作成した統合は他の OIC インスタンスにエクスポートできます。開発環境で作成したテスト済みの統合を、本番環境にリリースするといった運用が可能です。注意点は接続です。開発環境では接続先も開発用であり、本番環境とは異なることが大半です。こうした場合は、本番環境へのインポート後に接続を変更します。

OIC ではインスタンス単位でユーザーに権限を設定し、付与できます。本番環境で開発・運用などの役割が分離されている際、権限を管理できます。権限はインスタンス単位で管理する仕組みで、統合の単位で閲覧・編集権限を制限することはできません。開発・運用するチームが複数あり、担当する統合の単位で権限を管理したい場合もあり得ます。この場合はOICインスタンスを分けることで対応できます。セキュリティーや管理のポリシーに応じてインスタンス構成を検討します。

開発にあたってはローコード製品としての制約もあります。コードをステップ実行できないため、コード量が多くなる場合は他の環境でテストしてから実装するか、あるいはコード自体をOICの管理下から外してデータ連係後に実行するほうが開発生産性が有利になる場合があります。統合では一般的なジョブ管理ツールのようにOSのコマンドを実行できません。

データ連係のバリエーションが増える場合、ジョブ管理ツールを導入し、OICで実行できない処理については他の手段で実行するようなジョブ構成が考えられます。様々なデータベースに対応するアプリケーション統合製品としてのOICの利点を生かしつつ、データフロー全体の開発生産性、保守性が高くなるよう全体アーキテクチャーの検討が望まれます。

2-5　NewSQL

「NewSQL」のCloud Spanner PostgreSQL互換性を備える

RDBMS の一貫性と NoSQL の拡張性を兼ね備えたデータベースを「NewSQL」と呼ぶ。米グーグル（Google）の「Cloud Spanner」はその代表的なサービスである。オープンソースの PostgreSQL との互換性を備え、移行性も配慮する。

グーグルの「Cloud Spanner」は Google Cloud で利用できる「NewSQL」のマネージドサービスです。NewSQL とは 2010 年ごろから出てきた、これまでにない特性を持ったデータベース製品のカテゴリーを指す言葉です。

RDBMS（リレーショナルデータベース管理システム）の特徴である ACID 特性（Atomicity ＝原子性、Consistency ＝一貫性、Isolation ＝独立性、Durability ＝ 耐久性）と、NoSQL の特徴である更新性能の拡張性を兼ね備えています。

一貫性と拡張性を両立

RDBMS は厳密なトランザクション管理、堅牢で復元可能なデータ永続性を備え、現在でも多く利用されています。同時並行でトランザクションが実行されても、誤ったデータ読み書きをせずに処理できることが、DB の基本的な特性として求められてきた背景があります。

これに対して ACID 特性のうち一貫性を犠牲に、つまりタイミングによっては更新前の古いデータを読むことを許容して、性能の拡張性を高めたのが NoSQL です。RDBMS のほとんどが更新処理を単一ノードでのみ実行して一貫性を保つのに対し、NoSQL は一貫性を犠牲にして、複数のノードで並行して更新処理を実行できるようにして拡張性を得ました。

しかし業務において一貫性はニーズが高い特性です。RDBMS が中心的な DB

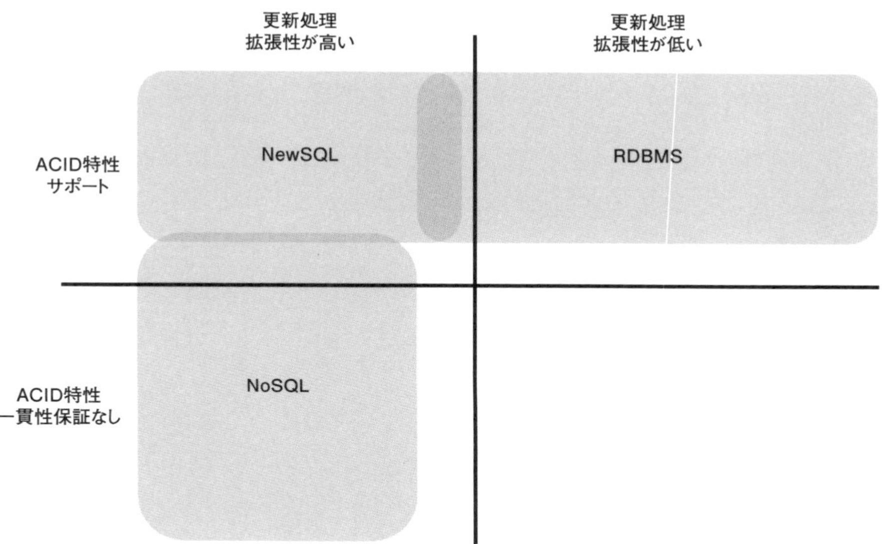

ACID：Atomicity、Consistency、Isolation、Durability
※RDBMSには拡張性を高めた製品もあり、NoSQLの中には一貫性のサポートを強化している製品もある

図1 NewSQLの位置付け

の地位を保ち、NoSQL は RDBMS が苦手な部分を補完する用途で、組み合わせて使うのが主流です。長らく一貫性と更新性能の拡張性は両立しないと考えられていましたが、その常識を覆したのが NewSQL であり、その初期にグーグルによって開発され、クラウド上の DB サービスとして 2017 年に登場したのが Cloud Spanner です。

可用性が高く性能を上げやすい

Cloud Spanner には NewSQL ならではの特徴、利点があります。

第 1 に可用性の高さです。Cloud Spanner は可用性に関して、99.999％の SLA（サービス・レベル・アグリーメント）が設定されています（後述するマルチリージョン構成の場合）。これは年間停止時間が 5 分強となる数字であり、代表的な

RDBMSのマネージドサービスの設定値である99.95%、年間停止時間で4時間強より高い目標設定です。マスターノードの障害で一時的な停止が発生するRDBMSに比べて、NewSQLは複数ノードで分散処理します。そのためノード障害の影響を受けにくいのが一因と考えられます。

「ゼロダウンタイム」でのメンテナンスが実装されている点も寄与しています。処理を継続しながらメンテナンスを実行するため、計画的なダウンタイムがありません。これはGoogle Cloud自体が備える特徴です。これまで可用性に関するSLAが要件に合わず、クラウドの利用をためらっていたシステムでも、クラウドへの実装が検討できるようになります。

リージョンをまたいだ分散処理（マルチリージョン）にも対応できます。システムの利用者が複数の国・地域にいて域内以外にクラウドの拠点を設ける場合、Cloud Spannerは例えば「アジア」内、あるいは「北アメリカ・ヨーロッパ・アジア」といった地域をまたいだ2つのマルチリージョン構成を取れます。

マルチリージョン構成の場合も一貫性は保たれ、各リージョンで更新、参照の両方の処理を実行できます。マルチリージョン構成での動作がCloud Spannerのネーティブな設計であり、特別な設計や構築は不要です。

第2の特徴は性能です。Cloud Spannerはノード数、またはプロセッシングユニット（Processing Unit、PU）と呼ぶ単位で処理能力を制限なく拡張できます。Cloud Spannerはアプリケーションからは仮想的に1つのDBサービスとして見えており、内部で分散処理します。

1つのDBサービスとして見えることは大きな意味を持ちます。RDBMSを基にしたDBサービスのように、参照処理を実行するインスタンスを作成して参照するトランザクションの向き先を変えるといった修正が不要だからです。アプリケーションに影響を与えず、更新、参照ともに処理能力を拡張できます。アプリケーション設計のうち、データアクセス部分の複雑さをなくし開発スピードを高める効果も期待できます。

分散処理での性能を向上させる仕組みとして、自動シャーディングが実装されています。複数ノード間で自動的にデータを分散させる仕組みのことです。シャーディングすることで複数ノードの並列処理ができ、単一のクエリーであっても高速化します。アプリケーション処理の負荷やデータサイズに応じて、Cloud Spannerが自動的にシャーディングし、サービスを止めることなく再配置するため、利用者がシャーディングのやり方を設計する必要はありません。

基盤の運用はシンプルで、構成や処理能力の設定値を調整するだけです。既存のDBサービスと比べて運用タスクが少なくなり、開発・保守の生産性向上につながる可能性があります。

性能を考慮した設計

利用者は、性能を維持するためにスキーマとクエリーの設計に留意します。Cloud Spannerでは、データと処理要求が特定のノードに集中する「ホットスポット」と呼ぶ現象を避けるために、主キーの設計が最も重要です。アプリケーションからの更新、参照が分散するよう主キーとインデックスを選択します。

ホットスポットの発生状況はKey Visualizerというモニタリングの画面で確認できます。クエリーについても実行計画を分析するGUIツールが用意されており、非効率な箇所を確認しながらチューニングできます。

スキーマやクエリーをチューニングする際はCloud Spannerのアーキテクチャーを理解して、データアクセスの効率を良くする考慮をします。どのDBでも言えますが、チューニングは技術的難度が高い作業です。運用では性能やリソース利用状況のモニタリング、ノード数やPU設定値の調査、パフォーマンスチューニングをします。

移行性

新たなDBを使うには学習コストの壁があります。基盤の運用タスクはシンプルであることを紹介しました。開発組織に与える負担が大きくなり過ぎないよう、移行性にも配慮したつくりになっています。

1つはSQL標準のサポートです。ANSI 2011標準のSQL構文に独自の拡張を加えたSQL（グーグル標準SQL）をサポートしています。加えて、PostgreSQL互換のインターフェースを提供しています。この2つを利用できることで、開発者がDBごとの仕様差に対応するために学び直したり、既存のアプリケーションを書き換えたりする手間を減らせます。

Cloud Spannerがネーティブにサポートしているのはグーグル標準SQLであり、PostgreSQL互換のインターフェースは変換をかける仕組みを通すことで動作するようになっています。グーグル標準SQLとPostgreSQL互換のインターフェースは、どちらか一方だけしか利用できないことに注意してください。Cloud Spannerのインスタンスを作成する際に、どちらを利用するか選びます。

PostgreSQL機能のサポート

PostgreSQL互換のインターフェースでは、PostgreSQLの主要な機能をサポートしています（すべてを再現しているわけではありません）。DDL（Data Definition Language）、DML（Data Manipulation Language）などのSQL、多くのデータ型のほか、関数についても利用頻度の高い主要なものをサポートしています。例えば数学関数の場合、PostgreSQL 14のコミュニティー版が提供する関数51種類のうち、27種類をCloud Spannerがサポートしています。

使いたい関数がサポートされていない場合は、同名でユーザー定義関数を作るか、アプリケーションロジックで実装します。サポートされず修正が必要なものとしてはストアドプロシージャー、トリガー、シーケンスが挙げられます。プロシージャーについては近年、データとアプリケーションを分離する考え方から使わない傾向にあります。クラウドではそのような考え方が強まり、プロシージャーの

表1 Cloud Spannerの数学関数サポート状況（関数の一部抜粋）

PostgreSQL 14 コミュニティー版の関数	内容	Cloud Spanner PostgreSQLインターフェース サポート状況
abs	絶対値の取得	○
cbrt	立方根の取得	–
ceil	引数より大きいか等しく、引数に最も近い整数	○
ceiling	引数より大きいか等しく、引数に最も近い整数 ※ceilで代替可能	–
degrees	ラディアンを度に変換	–
div	第1引数／第2引数の整数商	○
exp	指数	○
factorial	階乗	
floor	引数より小さいか等しく、引数に最も近い整数	○
gcd	2つの引数の最大公約数	–

移行性はそれほど意識されていないようです。

クライアントについては、オープンソースのSpannerクライアントを使って接続する仕様になっています。オープンソースソフトウエア（OSS）のPostgreSQLから移行する場合は接続部分を変更します。PostgreSQL互換インターフェースを利用する際は、PostgreSQL JDBCドライバーも利用できます。psqlコマンドラインツールもサポートしているため、ツール利用のノウハウは流用できます。

独自拡張

Cloud SpannerのPostgreSQL互換インターフェースでは、性能向上のためにPostgreSQLの機能に独自の拡張を施している部分があります。SQLの実行計画を指定するためのヒント句がいくつか追加されています。結合の方法、ノード間での分散処理を制御するものが中心です。これらのヒント句は、Cloud Spanner の分散データベースとしての特徴を生かして性能を上げるためのものです。

PostgreSQL は元来分散データベースとして作られてはいません。そのため Cloud Spanner で対応するにあたり、拡張する必要があったと考えられます。ヒント句は SQL 文の中に埋め込んで利用します。

互換インターフェース

PostgreSQL と互換性のあるデータベースとしては、OSS の PostgreSQL のソースコードを改造して作られたものと、まったく別のデータベースに PostgreSQL の機能が動作するようにインターフェース部分を追加したものがあります。Cloud Spanner は後者です。ログやエラーメッセージの体系、性能関連の統計情報、監査ログなどがそれぞれのデータベースで独自性の高いものになっており、データベース管理者がそれに慣れる必要があります。

Cloud Spanner にも同じことが言えますが、情報スキーマについては互換性を保つ策が取られています。データベースの構成や稼働状況を確認するために、PostgreSQL では情報スキーマと呼ぶスキーマが提供されています。

Cloud Spanner の PostgreSQL 互換インターフェースでも、PostgreSQL の形式での情報スキーマにアクセスできます。データベース管理者がよく参照する情報であり、技術知識を流用できるため、対応している意義は大きいと言えます。PostgreSQL 互換インターフェースではない場合、Cloud Spanner 独自形式の情報スキーマが提供されます。

料金

Cloud Spanner の料金体系はコンピューティング、ストレージ、通信にかかる料金の合計となります。コンピューティングはノード数、PU の数に時間単価を掛けます。マルチリージョンにすると時間単価が上がります。

表2 Cloud Spannerの料金(2022年10月8日時点)

リージョン	コンピューティング 1ノード、1時間あたり	ストレージ 1Gバイト、1カ月あたり
単一リージョン*	1.17ドル	0.39ドル
アジア	3.90ドル	0.65ドル
北アメリカ、ヨーロッパ、アジア	9.00ドル	0.90ドル

*単一リージョンは東京リージョンの場合

東京リージョンにおいて、アジア単位でのマルチリージョン、利用ノードが1ノード、データ量が1テラバイトとした場合、通信料を除いて料金は月約4800ドルとなります。Cloud Spannerの利点を生かすためにノード数を増やして並列処理を効かせようとすると料金は上がります。逆にPUは1ノードの10分の1の単位で利用可能で、料金も下がります。

料金は高めですが、エンジニアリングコストをあまりかけずに可用性を他のデータベースサービスより高められます。高い可用性と、基盤管理の容易さを求める場合は選択肢として検討するとよいでしょう。将来、高い可用性やマルチリージョンが必要になる場合、小さなサイズから始められる柔軟性もあります。

PostgreSQL互換インターフェースは、利用のハードルや移行コストを下げる効果があります。Google Cloud上で移行のためにPostgreSQLとの互換性を主に求める場合は、オープンソースのPostgreSQLをマネージドサービスにしたCloud SQL for PostgreSQL、PostgreSQLを改造して作られたAlloyDB for PostgreSQLもあります。目的に応じて比較検討してみるとよいでしょう。

2-6　Oracle DB 移行

既存Oracle DBの移行先 大規模データに向くExaDB-D

既存の Oracle Database の移行先として、米オラクル（Oracle）のパブリッククラウド上のサービスが注目されている。「Oracle Exadata Database Service on Dedicated Infrastructure（ExaDB-D）」はその 1 つだ。

既存の Oracle Database の移行先として、オラクルのパブリッククラウドである Oracle Cloud Infrastructure（OCI）上のデータベースサービスが注目されています。その最大の要因は移行性です。

OCI は Oracle Database に関する幅広いサービスをラインアップしており、最適な移行先を選べるようになっています。移行のための変更やノウハウ習得を最小限にとどめ、保守コストの削減につながります。

オープンソースの DBMS（データベース管理システム）に変更してクラウドへ移行すること多くなっていますが、変換コストや期間がかかり、エンジニアが新たな DBMS を学び直す負担も発生します。Oracle Database のユーザーにとって、OCI 上のデータベースサービスはリスクと変換コストを抑えた現実的な移行先の 1 つです。

以下では OCI 上のデータベースサービスから「Oracle Exadata Database Service on Dedicated Infrastructure（ExaDB-D）」を取り上げ、その特徴と用途を説明します。

Oracle Exadataとは

ExaDB-D は、Oracle Exadata Database Machine（Oracle Exadata）をクラウドに対応させたサービスです。Oracle Exadata とはハイエンド向けに、Oracle

Database を高速かつ安定して動作するようにつくられた専用のハードウエアとソフトウエアが一体となった製品です。特にストレージ層を強化しています。

大量のデータ分析や参照をストレージ層で処理して、結果をデータベースに返す仕組みになっており、Oracle Database を一般的なサーバーに導入して利用するよりも高速な処理性能や、データの高い圧縮率を得られます。

Oracle Exadata は長らくオンプレミス製品として販売され、大規模なデータを保有する企業を中心に利用されてきました。ExaDB-D の登場でクラウドでも利用できるようになりました。

オンプレミスとのギャップが小さい

OCI 上には Oracle Database を基にしたサービスが複数あります。それぞれ利用できる機能、可用性や性能の高さは異なっています。こうしたなかで、ExaDB-D と「Autonomous」は Oracle Exadata をベースとしており可用性と性能が非常に高いサービスです。

ExaDB-D と Autonomous の最大の違いは「自動化」です。Autonomous は自動化を積極的に取り入れています。DBMS のパッチ適用、チューニングなどを自動化しており運用効率を高められます。その半面、オンプレミスの Oracle Database を移行する際にギャップが発生しやすく、設計変更が必要となる可能性が高くなります。ExaDB-D は「ほどよい自動化」がなされており、オンプレミスとのギャップを最小限にしつつ、運用効率を高められるつくりになっています。以下で ExaDB-D の特徴を見ていきます。

ユーザーマネージドのサービス

ExaDB-D がユニークなのは、ユーザーマネージド（User-Managed）である点です（Oracle Base Database Service にも同様の特徴があります）。一般的なクラウド上のデータベースサービスはフルマネージド（Full-Managed）です。フルマネージドの場合、OS と DBMS をクラウド事業者が管理して自動運用します。

表1 移行体制に必要あOracle Cloud Infrastructure(OCI)上で Oracle Databaseを利用できるデータベースサービスな役割とスキルセット

データ移行ツール	Oracle Base Database Service(BaseDB)				ExaDB-D	Autonomous
	Standard Edition	Enterprise Edition	High Performance	Extreme Performance		
管理モデル	User-Managed				User-Managed	Full-Managed
ハードウエアの専有	共有				専有	共有/専有
Enterprise Edition 機能の利用	×	○	○	○	○	○
Enterprise Edition 主要オプション機能の利用	×	×	○	○	○	○
Real Application Clusters 機能の利用	×	×	×	○	○	○
Oracle バージョン	11.2/12.1/12.2/18/19/21				11.2/12.1/12.2/18/19	19

ユーザーはOSとDBMSを管理できません。OS上にバッチや監視エージェントなどのプログラムを配置することや、DBMSのスーパーユーザー（Oracle Databaseの場合はSYS、SYSTEMユーザー）としてログインすることができません。

オンプレミスのデータベースサーバーには、バッチやデータを入出力するツール、監視や監査のエージェントが配置されている場合が多く、クラウドに移行する際、変更を強いられるケースがありました。ユーザーマネージドサービスであるExaDB-Dでは、OSとDBMSをユーザーが管理できます。

OS上にプログラムやツールを配置可能で、DBMSのスーパーユーザーを使った運用ジョブなども流用できます。DBMSにパッチを適用するタイミングもユーザーがコントロール可能です。オンプレミスで運用していた際のスタイルを大きく変える必要がなく、運用組織が学び直す負担を小さくできるメリットがあります。

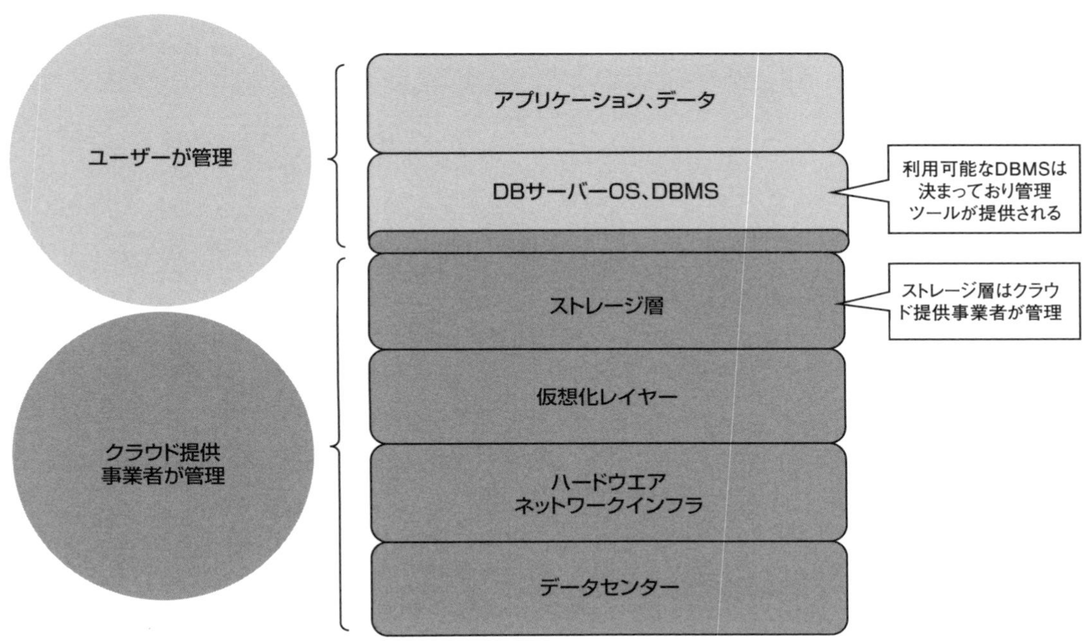

図1 Oracle Exadata Database Service on Dedicated Infrastructure (ExaDB-D)の管理の範囲

既存ユーザーを意識していると思われる点として管理できる範囲が挙げられます。データベースサーバーとストレージ層で構成するExaDB-Dのうち、ユーザーがプログラムを配置したりオペレーションをしたりするデータベースサーバーはユーザーマネージドとしつつ、ユーザーが管理する意味合いが薄いストレージ層はフルマネージドにしています。ストレージ層はサーバーやスイッチ、専用ソフトウエアなどで構成しており、ユーザーが管理しようとすると複雑なパッチ適用が必要になり、相応のスキルを求められます。オンプレミスでは保守作業にコストがかかっていました。

データベースサーバー層もユーザーマネージドとしつつ、管理を容易にするためのツール群を提供しており、構築・設定の作業コストを小さくする工夫がされています。部分的に自動管理にしつつ、ユーザーが管理できる点がユニークであり、ハイブリッドな管理モデルと言えます。

ExaDB-Dの5つの特徴

そのほかの ExaDB-D の特徴を見ていきます。

①同一環境上に複数のバージョン、インスタンスを混在可能

データベースサービスとしては珍しい特徴です。オンプレミスで複数のバージョンを混在させたデータベースサーバーも移行が可能になります。複数のデータベースを作成し、個別システムの都合によってアップグレードするといった自由度を得られます。

②ハードウエアがユーザー専有

他のユーザーの環境とハードウエアレベルで分離されます。セキュリティーに非常に厳しい用途で、ハードウエアが共有されたクラウド環境への配置が難しい場合に意味を持ちます。

③パッチ適用が異なる

パッチの適用はデータベースサーバーとストレージ層で異なります。データベースサーバーの OS、DBMS はユーザーがパッチを適用するかどうかを決められます。自動適用されないため、OS、DBMS に強制的にパッチが適用されて再起動するといったことはありません。

ストレージ層はクラウド事業者が管理する範囲となり、パッチ適用のための再起動を伴うメンテナンス時間が発生します。複数ノードに対して順番に適用するローリングアップデートをすることで業務への影響を小さくできます。オンプレミスで全くパッチを適用しない運用をしているシステムの場合は、メンテナンス時間を設ける運用への変更が発生します。

④ Sustaining Support がない

Oracle Database のバージョンごとのサポート期間はオンプレミスでのサポートポリシーに準拠します。Oracle Database ではバージョンごとにサポート期間が定められており、フルサポートの期間が切れると、新規パッチが提供されない「Sustaining Support」という問い合わせ対応と、既存パッチの提供に限定された期間に入ります。

ExaDB-D の場合は Sustaining Support は提供されず、動作保証されなくなります。そのまま稼働はできますが、破損した場合は新たに構築できなくなるなど本番環境として利用するにはリスクがあります。Sustaining Support の期間に入る前に、フルサポートを提供するバージョンへのアップデートを検討します。

⑤ Azure と連係できる

米マイクロソフト（Microsoft）のクラウドサービスである Azure とは、ID 管理やログ、監視のサービスが連係の対象になっています。Azure の ID と OCI 上の ID 管理サービスを連係させて Azure 側のユーザーを基に権限を管理できます。この仕組みを使うことで、Azure 側の Active Directory で OCI 環境の権限を管理し、シングルサインオンが可能になります。

ただし OCI 環境側で権限のグループを設定するなどの準備は必要です。OCI の仕組みに対する理解は必要であり、Azure の知識だけで利用できるわけではありません。

ExaDB-Dの構成と料金

ExaDB-D を利用する際は、ラックサイズとノード数、ノードあたりの CPU 数を選びます。ラックサイズは 3 種類あり、必要なノードやリソースが大きくなるとラックサイズを上げることになります。CPU 数の単位は OCPU ＝ 1 物理コアです。ExaDB-D でノードあたりの OCPU 数を変更する際は、2 の倍数で増減していきます。すべてのノードの OCPU 数は同一にします。

料金は Oracle Database のライセンス込みで、最小セットが月 1 万 4800 ドル（177

表2 Oracle Exadata Database Service on Dedicated Infrastructure（ExaDB-D）の料金と見積もりの例（2022年11月時点での最新バージョンX9Mの場合）

課金項目	単価	備考
Exadata Cloud Infrastructure		
Exadata Cloud Infrastructure	1742円／時間	・ExaDB-Dインスタンスに1つ必須。 ・最小2台のデータベースサーバー、3台のストレージサーバーから成る
データベースサーバー	348円／時間	・ノード数を増やす場合に1台単位で追加可能
ストレージサーバー	348円／時間	・ストレージ容量かストレージ処理能力を増やす場合に1台単位で追加可能
データベースサーバーのOCPU		
OCPU	80円／時間	Oracle Database ライセンス料込み
OCPU（BYOL）	19円／時間	Oracle Database ライセンス料別 ※保有しているOracle Database保守料金が別途かかる

BYOL:Bring Your Own License　　2022年11月の執筆時点での料金。為替レートにより変動する

見積もり内容	月額料金
最小構成をOracle Databaseライセンス料込みで利用する場合 CPU数:4 OCPU	177万6000円
保有しているOracle Databaseライセンスを持ち込んで16CPU利用する場合 CPU数:16 OCPU	175万7000円

万6000円）からです。最小セットは２ノード×２OCPUの計４OCPUのクラスター構成です。ラック（Infrastructure）とデータベースサーバーのＯＣＰＵは課金体系が別で、OCPUは利用する時間による従量課金、Infrastructureは停止していても課金される固定料金になっています。

CPUあたりのライセンス相当分の料金は他のクラウドより安く設定されています。データベースサービスの中では高額ですが、Oracle Exadataからの移行や、Enterprise Editionの有償オプションを多く利用する用途の場合、オンプレミスに対してコストメリットのある価格となっています。エンジニアリングの課題（調達、コスト、開発効率）を解決できれば、さらにメリットを感じられるでしょう。

ExaDB-Dを採用するケース

次の条件に多く当てはまるほどフィットします。

オンプレミスの Oracle Database をクラウドに移行する場合

アーキテクチャーが変わらないため移行しやすく、特に Oracle Exadata から ExaDB-D への移行性は高いと言えます。Oracle Exadata からでなくても、Oracle Database に対する変更の規模を小さくしながら、クラウドに移行したい場合に向きます。

Oracle Database EE 機能を利用しエンジニアリングの課題が解決できる場合

Oracle Database Enterprise Edition（EE）は、高性能、高可用性、セキュリティーを実現する機能があります。EE の固有機能を利用すれば、目的とする非機能要件を簡易に実現できる場合があります。

例として、Oracle Real Application Clusters（Oracle RAC）が挙げられます。複数ノードで並行して読み書きできる Active-Active 構成が可能となる機能で、高い可用性を実現できます。エンジニアリングリソースの調達に課題があったり、人的コストよりも高機能なソフトウエアに費用をかけたりしたほうが有利な場合には ExaDB-D のメリットを引き出しやすくなります。Oracle Database は商用製品として機能が豊富で、うまく利用すると開発効率の向上につながるためです。

大規模なデータ（テラバイト以上）を処理するデータベースの場合

性能を高めたデータベースサービスであるため、大規模データであるほどメリットがあります。

2-7　SQL Serverからの移行

AuroraにSQL Serverの機能 Babelfishをクラウド移行に活用

データベースをクラウドに移行する際、DBMSの変更が検討に挙がる。DBMSの変更を容易にする機能を備えたデータベースサービスがある。「Babelfish for Aurora PostgreSQL」はSQL Serverからの移行に適したサービスである。

データベースをクラウドに移行する際、DBMS（データベース管理システム）の変更を伴うケースがあります。デジタルトランスフォーメーション（DX）やエンジニア不足を背景として、クラウドネイティブなデータベースサービスに替えてアジリティー（俊敏性）を獲得することや、運用管理の負担を軽くすること、低価格なDBMSに変えてコストを削減することが求められているからです。

データベースの移行をスムーズに実現したいといったニーズに呼応するように、クラウド事業者各社はDBMSの変更についての負担を少なくするように工夫されたデータベースサービスを提供しています。以下では米マイクロソフト（Microsoft）のDBMSである「SQL Server」からの移行性を高めた機能を備える米アマゾン・ウェブ・サービス（Amazon Web Services、AWS）の「Babelfish for Aurora PostgreSQL」を取り上げます。

SQL Serverの固有機能を実行

Babelfish for Aurora PostgreSQLは、「Amazon Aurora PostgreSQL」にSQL Server固有の機能やSQL Server文法のSQLをPostgreSQLで実行できるようにする拡張機能「Babelfish for PostgreSQL」を組み込んだサービスです。PostgreSQLベースのデータベースサービスでありながら、SQL Serverアプリケーションを実行できます。「Babelfish」はSF小説に出てくる万能翻訳を可能にする魚の名称であり、SQLの「方言」を翻訳してくれる製品との意味を込めたと考えられます。

Babelfish for PostgreSQL は Apache 2.0 と PostgreSQL ライセンスの条件下で利用できるオープンソースソフトウエア（OSS）です。AWS 以外でも PostgreSQL にインストールして利用できます。2022 年から AWS が商標権を保有しています。

Amazon Aurora PostgreSQL のバージョン 13.4 以降のリリースからは、組み込み済みの利用可能なオプションになりました。「Amazon Aurora Serverless PostgreSQL」でもサポートされていますが、「Amazon Relational Database Service（RDS）for PostgreSQL」ではサポートされていません。以下では Babelfish for Aurora PostgreSQL を単に Babelfish と記載します。

2つのインターフェースを備える

Babelfish の新規性の 1 つは SQL Server との互換性を持たせている点です。これまで Oracle Database との互換性を備え、移行性を高めている拡張機能や製品は存在しましたが、SQLServer をターゲットとするものは Babelfish 登場以前はありませんでした。もう 1 つはクライアントツールの利用をサポートしている点です。SQL Server の通信プロトコルである TDS（表形式データストリーム）をサポートし、既存の接続ドライバーを変える必要はありません。

これらは Babelfish のユニークな特徴であり、DBMS の変更の際、大きな意味を持ちます。DBMS 間の非互換は SQL やストアドプロシージャの文法の違いだけではないからです。接続インターフェースや利用する API（アプリケーション・プログラミング・インターフェース）の違いが DB アクセス層のアプリケーションコードに非互換を発生させる場合があります。インターフェースをそのまま利用できるとソースコードを変更せずに使える可能
性が上がり、多くのアプリケーションの移行性を高める効果が得られます。

SQL Server 固有の SQL Server Management Studio（SSMS）などのクライアントツールも利用できます。一部動作しない機能はあるものの、Babelfish のバージョンアップのたびに互換性は向上しています。クライアントツールやユーティ

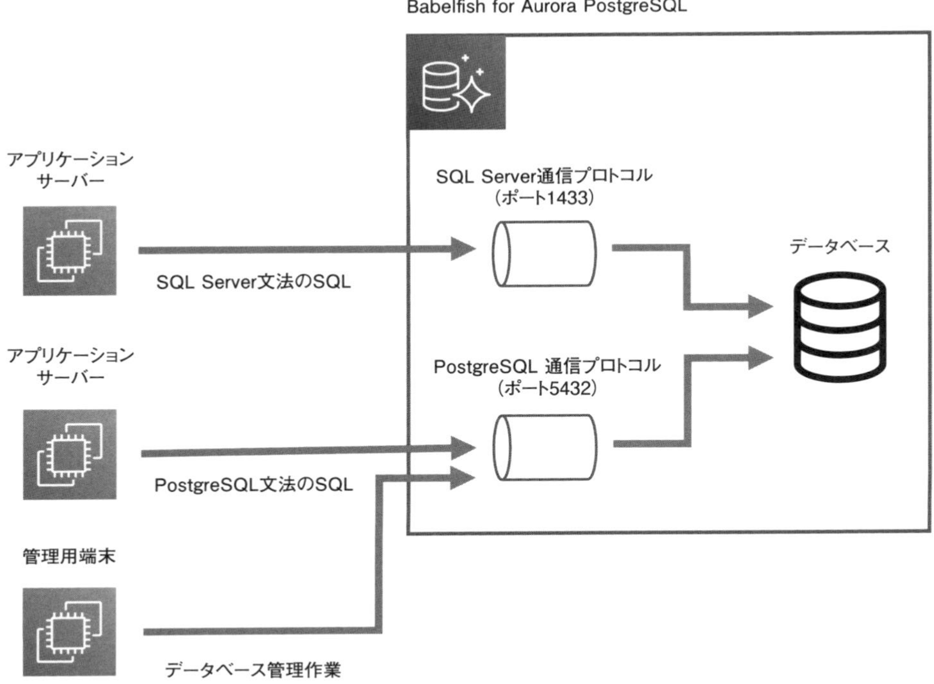

図1 Babelfish for Aurora PostgreSQLのインターフェース

リティーを利用できることは、運用スタイルやノウハウをそのまま生かせるメリットにつながります。

データを一括してエクスポート／インポートするツールであるSQL Server Integration Services（SSIS）、bcp（bulk copy program ユーティリティー）も利用できるため、これらのツールを使っているデータ連係処理の修正も最小限に済ませられます。データベースをクラウドに移行する際のデータ移行にも利用できます。Babelfishは互換性を高めるのもさることながら、SQL Serverアプリケーションを最小限の変更でそのまま利用できる機能といった側面があります。

通常の Aurora PostgreSQL を利用し始めて、途中から Babelfish の機能を使うこともできます。不要になった際は Babelfish の利用を停止すればよく、通常の Aurora PostgreSQL の PostgreSQL インターフェースのみを利用する形態にします。

Babelfish の構成

Babelfish を利用するには、Amazon Aurora PostgreSQL データベース作成のコンソール画面から、Babelfish の機能を選んで有効にします。通常の Amazon Aurora PostgreSQL データベースのインターフェースに加え、SQL Server クライアントからの接続ポート（デフォルトのポート番号は 1433）が開かれます。

PostgreSQL クライアントからの接続ポートでは PostgreSQL の接続プロトコルを利用するアプリケーションと、データベース管理ユーザーによる管理操作を実行します。2つのインターフェースが共存しており同時に利用できるのが特徴です。どちらのインターフェースを利用しても同じオブジェクトやデータにアクセスできます。

SQL Server インターフェースはネーティブに実装されており、PostgreSQL の通信プロトコルに翻訳しているわけではありません。ネーティブ実装のため、パフォーマンスを落とさずに済みます。注意したいのは、それぞれのインターフェースは、どちらか一方の文法だけを利用できることです。PostgreSQL、SQL Server それぞれの固有機能や文法が混在したアプリケーションは、接続先を振り分ける必要があります。

SQL Server クライアントからは必ず「babelfish_db」というデータベースに接続するようにつくられています。他のデータベースには接続できません。そのため SQL Server クライアントからアクセスするオブジェクトはすべて babelfish_db 内に置く必要があります。

この制約のため、複数のデータベースが存在する既存の SQL Server 環境から移行する際、ギャップが生じ得ます。複数のデータベースを統合してスキーマだけで分割できればいいのですが、スキーマ名が衝突してしまう場合はいずれかのスキーマ名の変更が必要になります。これはSQL Serverインターフェースのみで発生する制約です。PostgreSQLクライアントからはどのデータベースにも接続可能で、複数のデータベースをつくれます。

互換性

Babelfish for PostgreSQLはバージョンが上がるほどSQL Server固有の機能を多くサポートしています。Aurora PostgreSQLのバージョンにひも付いており、Aurora PostgreSQLをバージョンアップすることでBabelfish for PostgreSQLのバージョンも新しくなります。

サポートされている主なSQL Server固有の機能としては、SQL Serverに組み込み済みのファンクション、システムストアドプロシージャ、情報スキーマなどが挙げられます。サポートされていない機能には、CLR（共通言語ランタイム）、TDE（透過的データ暗号機能）によるデータ暗号化、更新可能カーソルなどがあります。バージョンアップに伴い機能が追加されており、今後サポート範囲の広がりが期待されます。

高可用性（クラスタリング）、バックアップリカバリー、監視などのデータベース構成と運用管理についてはSQLServer相当の機能を備えていません。Aurora PostgreSQLの機能を利用します。Babelfishはインターフェースの互換性を取るものであり、実行エンジンはAurora PostgreSQLのものと考えられます。SQL Serverとは性能特性が異なり、ギャップ発生の可能性も考慮して移行計画を立てる必要があります。

アセスメント（評価）

既存のSQL ServerアプリケーションをBabelfishで実行する際、互換性がどの程度かを評価できるツール「Babelfish Compass」が用意されています。Babelfish CompassはDDL（Data Definition Language、データ定義言語）／

表1 Babelfish for Aurora PostgreSQLがサポートする主な機能

■サポート対象の機能

機能	内容
ファンクション	CONCAT_WS、IS_MEMBERなどSQL ServerにあるがPostgreSQLに存在しないファンクションが利用できる
システムストアドプロシージャ	SQL Serverがあらかじめ組み込んでいるストアドプロシージャが実装されており、呼び出すことができる
情報スキーマ	テーブルなどのオブジェクト定義情報を参照可能。SQL Serverで実装された形式での情報スキーマを利用できる
システムビュー	データベース設定、OS情報、スキーマ情報などを参照可能。SQL Server形式のシステムビューを利用できる

■未サポートの機能

機能	内容
CLR	Common Language Runtime:VBやC#のプログラムをストアドプロシージャや関数として利用する
TDEでのデータ暗号化	アプリケーションから意識せずにデータベース側で透過的な暗号化と復号を実行する
マテリアライズドビュー	実データを持つビュー
更新可能カーソル	PostgreSQLでは参照用のカーソルのみサポートされており、Babelfishでも更新可能カーソルは利用できない
構文	ALTER INDEX、ALTER DATABASEなどPostgreSQLでサポートする管理用の構文の一部は利用できない。PostgreSQLインターフェースを使って操作する

DML（Data Manipulation Language、データ操作言語）文を分析し、Babelfishによるサポート状況を評価したリポートを生成します。

分析には、DDL／DML文をソースコードから抽出するか、あるいは実行されているSQL文をSSMSなどのツールで収集する作業が必要になります。事前にアセスメントして、移行ギャップの内容とボリューム、難易度の判断や移行コストの見積もりに利用します。

インターフェース併用の段階移行

PostgreSQLを標準利用するDBMSと定めている場合など、Babelfishの互換性機能を活用して移行しつつも、最終的にはPostgreSQLインターフェースへの一本化を検討することもあるでしょう。こうした場合、Babelfishが2つのインターフェースを併用できる特徴を生かして、移行の柔軟性を上げられます。

既存のSQL Serverアプリケーションをいったん SQL Serverインターフェースを利用した形態に移行した後、部分的な改修を繰り返して段階的に移行できます。段階移行する方式では、移行のリスクを低く抑えられ、改修時期をコントロールできる利点があります。仕様を変更する際、同時にPostgreSQL化の改修を施すようにすれば開発生産性にもプラスです。ただし接続を切り替える必要があるため、モノリシックなアプリケーションは分割してAPIに切り出しながら移行するなどの工夫が必要となります。

データ移行

Babelfishでは、SQL Server 、PostgreSQLの2つのインターフェースのどちらでもデータ移行に使えます。前述したようにSQL Server固有ツールの利用が可能であり、SSIS、bcp、SSMSといったツールに慣れ親しんでいる場合は新たな学び直しは不要で作業効率もいいでしょう。

ただし、データそのものはあくまでもAurora PostgreSQLのストレージ形式で保管されているため、データ移行のパフォーマンスはPostgreSQLインターフェースを使った方が高速になる可能性があります。

メジャーではないデータ型の場合、Babelfishでサポートされていない型もあり、データ格納方式を含めた移行の変更設計が発生し得ることにも注意が必要です。こうした可能性の有無は、前述のアセスメントツールであるBabelfish Compassのリポートで確認できます。データのギャップは影響が大きいため、特にDDL文については早期に確認した方がよいでしょう。

AWSのサービスとしては、「AWS Database Migration Service（DMS)」も利用できます。DMSはリアルタイムにデータを同期しながら、短時間で切り替

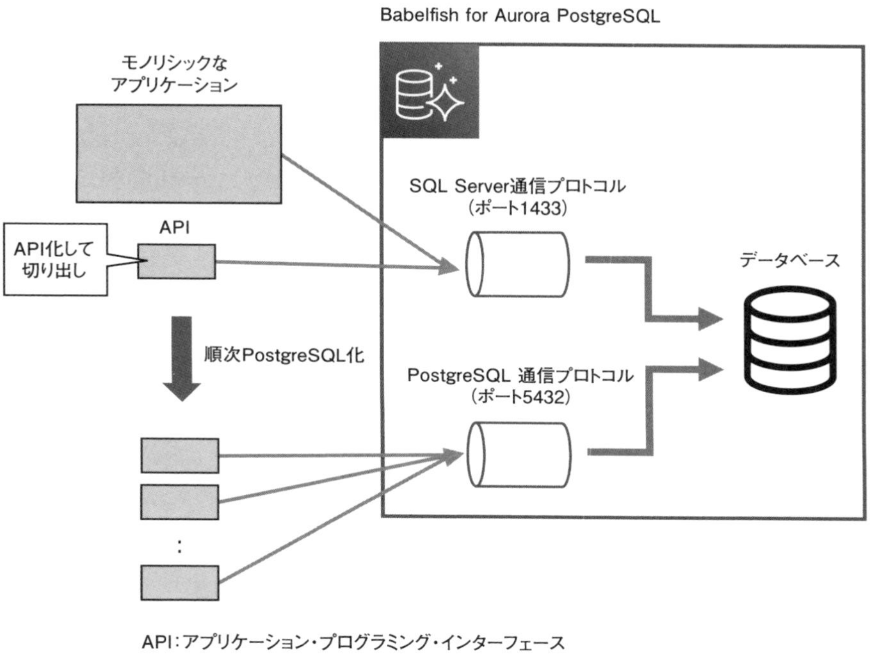

図2 SQL Serverアプリケーションの段階移行例

えられます。移行の際、停止時間を長く取れない場合は利用を検討します。

料金

Babelfishの料金は、通常のAurora PostgreSQLと変わりません。単にインターフェースが追加されるだけであり、データを冗長に持つわけではなく、ストレージに対するコストが変わる要素はありません。SQL Serverからの変換コストを抑えられれば、ライセンス料金を削減できるメリットが大きく出せる可能性があります。

2-8　Snowflake

「データクラウド」のSnowflake 他のDWHサービスと何が違うのか

Snowflake はクラウド前提で設計されたデータウエアハウス（DWH）サービスである。「データクラウド」と呼ぶコンセプトを掲げ、データマネジメント機能を包含する。データの共有やコラボレーションのための機能も備える。

米スノーフレイク（Snowflake）が提供する「Snowflake」は「データクラウド」と呼ぶコンセプトを掲げ、クラウドを前提としたアーキテクチャーで設計されたデータウエアハウス（DWH）サービスです。Snowflake の特徴や他のクラウド上の DWH との違いを説明します。

データクラウドとは

クラウドにおける DWH の進歩は目覚ましく、従来製品では得られなかった拡張と素早い展開が可能になり、使い勝手のよいサービスを利用できるようになりました。Snowflake は「データクラウド」と呼ぶ製品コンセプトを掲げた DWH サービスです。

データクラウドとは DWH に加えて、分析アプリケーション開発、メタデータ管理といったデータマネジメントの機能を包含しながら、組織の枠を超えて安全にデータを共有し、コラボレーションが可能で、外部データを容易に利用できるというサービスの考え方です。

組織間や組織内の他部署との間でデータを共有する際、通常はデータをコピーして利用先に移動し、目的のフォーマットに変換する必要があります。Snowflake の場合、サービスの機能でアクセス権限を設定すれば、セキュリティーが確保された形で直接データにアクセスできるようになります。煩雑なデータ同期や加工をしなくても、Snowflake が自動的に更新データを反映し続ける仕組み

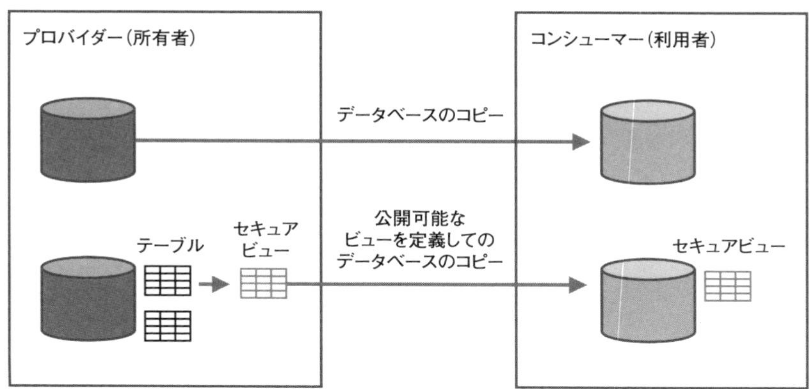

図1 Snowflake でのデータ共有

です。データを共有、コラボレーションする際の手間と時間を短縮でき、データを活用する作業により多くの時間を使えます。

データ共有をさらに促進するためのマーケットプレイスも用意しています。マーケットプレイスには多くのデータが公開されており、Snowflake を導入している企業は、利用したいデータを購入して自社内で使えます。法人情報、地理情報、気象情報、経済統計などのオープンデータおよび各種有償データが登録されており、自社のデータと合わせて Snowflake 上で分析に利用できます。

データをマネタイズしたいと考える企業は、マーケットプレイスにデータを出品することで収益を得られます。多くの企業がデータを登録、流通させるほどデータを活用しやすくなることが期待できます。

このような外部データの利用や、組織間でのコラボレーションを促進する仕組みを1つのクラウドサービスとして統合しているところが Snowflake の特徴であり、他の DWH より先行している点だといえます。

クラウドネイティブな設計とは

Snowflake はクラウドが登場して以降、新たにつくられたサービスです。そのためクラウドの利点をフルに生かしたアーキテクチャーになっています。「Amazon Web Services（AWS）」「Microsoft Azure」「Google Cloud」のいずれかのパブリッククラウド上でのみ利用できます。

Snowflake が独自のクラウド基盤を持っているわけではなく、利用者が AWS、Azure、Google Cloud から利用するクラウドを選ぶことになります。既にデータが多く集まっているクラウドを選ぶのが一般的です。以下で Snowflake がクラウドの特徴を生かしたアーキテクチャーになっている点を説明します。

1つは拡張性です。DWH は社内の履歴データを集めて分析する特性上、データ量が膨大になります。分析対象が多くなってストレージ容量を拡張する際、クラウドであればリアルタイムかつ無制限にできます。オンプレミスのように余裕を持たせたサイズのストレージ製品を購入し、利用時にストレージ領域を追加するなどのコストや手間がかかりません。DWH では拡張性が特に大きなメリットになります。

2つめは柔軟性です。Snowflake はコンピューティングリソースを必要なときに必要なだけ確保し、処理が終わったら開放するといった管理をします。あらかじめ固定のコンピューティングリソースを準備しなければならない製品の場合、ピーク時に合わせてリソースを確保することになり、無駄なコストが発生します。

DWH は大量のデータを処理する重いクエリーが実行されることから、必要となるリソースの変動が大きく、そのままでは無駄が発生しやすい用途だと言えます。柔軟性を備えることでコンピューティングリソースを最適化し、大きなコストメリットが得られます。

3つめは「ニアゼロメンテナンス」です。Snowflake はクラスターの運用を自動化しており、パッチ適用やバージョンアップなどの運用作業は不要です。ただし実行状態や性能などの確認およびクラスター構成の調整の作業は発生し得ます。メンテナンスが完全にゼロではないことから、ニアゼロといった表現を使っています。この特徴はクラウド上のPaaS（Platform as a Service）としては一般的です。

これらの特徴はクラウド事業者が開発するDWHサービスも備えるようになっています。DWH以外のデータマネジメント機能について、Snowflakeは統合された1つのサービスとして提供するのに対し、クラウド事業者は個々のサービスを組み合わせて使う考え方を採っています（いずれも一部の機能を他製品で代替するなどの自由度はあります）。

Snowflakeの機能と構造

次にSnowflakeが備える機能と製品構造を見ていきます。

DWHとしてのSnowflake

Snowflakeの中核機能はDWHです。データの種類としてRDBMS（リレーショナルデータベース管理システム）で扱われる構造化データの他、JSON（JavaScript Object Notation）、Apache Parquet形式、XMLなどの半構造化データをネイティブサポートします。ネイティブサポートとは、そのままの形でインポートして利用できることを指します。列定義を自動抽出してビューを作成し、参照もできます。

データの格納方式は、マイクロパーティションおよびデータクラスタリングと呼ぶ独自方式を採用しています。テーブル内のデータは、マイクロパーティションと呼ぶSnowflake独自のファイル単位に分割され、列指向で圧縮された状態で格納されます。マイクロパーティション単位の分割と格納、管理は自動で実行されるため、利用者に運用の負担はかかりません。

データクラスタリングとは、効率のよいデータ検索のために用意されたマイクロパーティション内のデータ配置の仕組みです。検索対象データを探すステップとして、まずデータが存在するマイクロパーティションを絞り込みます。そこからマイクロパーティション内の列ごとに目的のデータだけを取得します。そうすることで無駄なデータアクセスが発生しにくい状況をつくります。利用者は、データクラスタリングを効果的に働かせるために「クラスタリングキー」と呼ぶキーの情報を設定、調整する必要があります。

クエリーを発行する際に記述するSQLについては、標準SQLであるANSI SQL：1999と、SQL：2003の分析拡張機能のサブセットをサポートします。機械学習のライブラリーとツールも利用できます。

開発する際は、Snowflakeサービス内で動作するJava、Python、Scalaの環境があり、各言語に独自形式のAPI（アプリケーション・プログラミング・インターフェース）やユーザー定義関数を組み込んでアプリケーションを開発できます。

Snowflakeでのアプリケーション開発には、データを加工・統合するための処理を実装する側面と、データを分析するための処理を実装する側面が存在し、どちらにも活用できます。

タイムトラベルという機能があり、削除済みデータがあったとしても過去の状態に戻ってデータにアクセスできます。いつまで遡れるかはSnowflakeのエディションによって異なります。

Snowflake の構造

データを物理的に格納する場所は、パブリッククラウドのオブジェクトストレージです。国内ではAWSとAzureをサポートしており、それぞれのオブジェクトストレージ（AWSであれば「Amazon S3」）に格納されます。既にオブジェクトストレージをデータレイクとして利用している場合、それとは別にSnowflakeのマイクロパーティション形式となったファイルがオブジェクトストレージに格納されます。

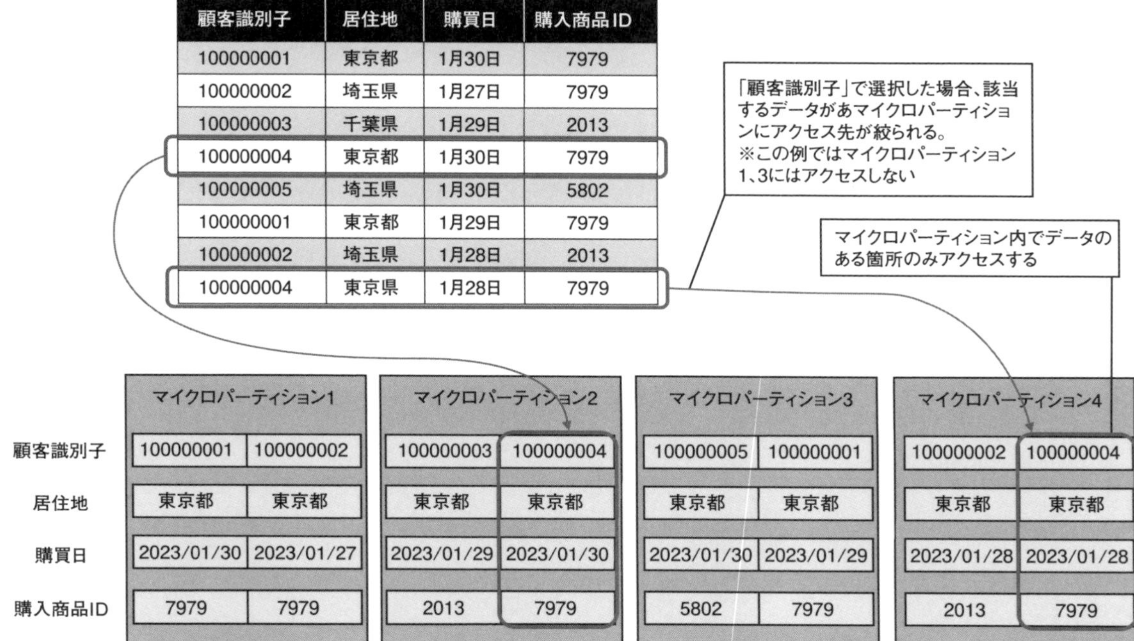

図2 データクラスタリングとマイクロパーティションによる効率的なデータアクセス

データとコンピューティング、クラスター管理を含むSnowflake全体の構造は3層になっています。最もクライアントに近いクラウドサービス層でリクエストの受付とアクセス権限管理やクラスターリソースの管理を担当します。中間に実際のデータアクセス処理を受け持つコンピューティングの層（クエリー処理層）が位置し、3層目にデータ格納を受け持つデータベースストレージ層があるという構造です。

コンピューティングとストレージを分離することによって、リクエストを同時並行で処理する際のリソースの競合が起こらないメリットがあります。DWHでは重い処理を要求することが多いため、リクエストが並行すると性能が落ちやすい課題があります。Snowflakeでは、目的別に専用のコンピューティング環境を

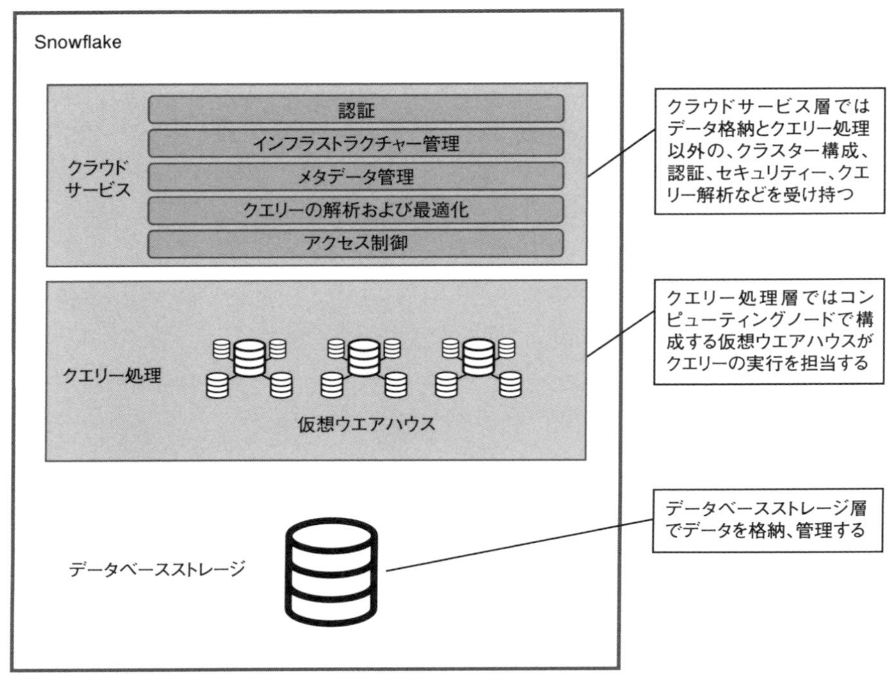

図3 Snowflake の3層構造

作成して処理することで、リソースの競合による性能の劣化を防げます。

必要なリソースは自動調整されます。処理が終わってコンピューティング環境を停止すれば無駄なコストは発生しません。ここでもリソースを柔軟に確保し、解放できるクラウドネイティブな設計となっています。

データ連係

Snowflake はデータを格納する前段階として、データ連係処理を実装しやすくする機能を備えています。データ連係、BI（ビジネスインテリジェンス）、データ仮想化、メタデータ管理といった100を超える製品や環境と接続するためのコネクターおよびドライバーが用意されており、データ連係処理を実装する負担を軽くできます。

「タスク」単位でデータ連係や加工処理を作成してスケジュール実行する仕組みを備えており、データ連係の一連の処理を定義し実行できます。Snowflakeには「Snowpipe」と呼ぶ機能もあり、指定したデータソースからの継続的なデータ連係を可能にします。

Snowflakeの料金

料金は従量課金で、コンピューティングとストレージの2つから成ります。ストレージの料金はSnowflake形式で格納されているデータの容量に対して課金します。データの圧縮と、履歴データやロード処理のための一時的なファイルの増減が料金に影響します。実データ量と同じ容量を使ったときのパブリッククラウドのストレージ料金に近い金額になり、低コストです。

コンピューティングの料金にはストレージ以外の全環境の利用料が含まれます。通常の利用ではコンピューティングが料金の大半を占めます。エディションによって異なり、Standardエディションで最小構成のクラスターを1時間利用すると2.5ドルです。

他製品とのコスト比較は利用条件で優劣が変わるため一概には言えませんが、単価だけを比べるとクラウドネイティブなDWHの中では高料金です。データクラウドとして効果的な活用ができるかどうかを含めてコストパフォーマンスを判断するとよいでしょう。

索引

■E、F

■G

■I、J

■K、L

■M、N

■O

■P、Q、R

■S

■ T、U、W

■ 50音順

著者略歴

川上 明久（かわかみ・あきひさ）

D.Force 代表取締役社長。データマネジメント業務の内製化、データベース全般のコンサルティングに多数の実績・経験を持つ。データベースのクラウド移行・コスト削減、データマネジメント組織構築などのテーマでの著書やIT系メディア記事の執筆・連載、セミナー・講演も多数手がける。

実践DX Data Infrastructure

クラウドネイティブ時代のデータ基盤設計

2023年3月20日　第1版第1刷発行

著　者	川上 明久
発行者	小向 将弘
発　行	株式会社日経BP
発　売	株式会社日経BPマーケティング 〒105-8308 東京都港区虎ノ門4-3-12
装　丁	葉波 高人（ハナデザイン）
制　作	ハナデザイン
編　集	大谷 晃司
印刷・製本	図書印刷

ISBN 978-4-296-20186-0　Printed in Japan

●本書に関するお問い合わせ、ご連絡は下記にて承ります。
https://nkbp.jp/booksQA